Claudia C. Cardoso

Des déchets de pêche à un catalyseur hétérogène

Claudia C. Cardoso

Des déchets de pêche à un catalyseur hétérogène

Synthèse du biodiesel

ScienciaScripts

This book is a translation from the original published under ISBN 978-620-2-51932-8.

Publisher:
Sciencia Scripts
is a trademark of
International Book Market Service Ltd., member of OmniScriptum Publishing Group
17 Meldrum Street, Beau Bassin 71504, Mauritius
Printed at: see last page
ISBN: 978-620-0-86462-8

DES DÉCHETS DE PÊCHE À UN CATALYSEUR HÉTÉROGÈNE

Synthèse du biodiesel

Claudia Cristina Cardoso

Universidade Federal Rural de Pernambuco, Departamento de Química, R. Dom Manoel de Medeiros, s/n, Dois Irmãos, 52171-900, Recife, Pernambuco, Brésil.

* claudia_cardoso@ufrpe.br

ABSTRACT

Le terme de durabilité est directement lié au développement économique sans nuire à l'environnement, en utilisant les ressources naturelles de manière consciente, sans causer d'impacts qui pourraient affecter les générations futures. Pour avoir une société durable, il est nécessaire d'avoir un ensemble d'actions et de changements dans les actions, dans les sphères économiques et sociales. Le souci de la durabilité a été envisagé dans plusieurs secteurs, comme celui de l'énergie. L'acceptation des technologies énergétiques réunit différents acteurs : producteurs, organisations écologiques, politiques publiques, marché, etc. Le biodiesel a pris une grande place dans ce segment car il s'agit d'un biocarburant qui se présente comme une alternative au diesel de pétrole. Il possède des propriétés de combustion similaires, contribuant à minimiser la dépendance aux importations de pétrole, ainsi qu'à réduire la pollution de l'environnement, en réduisant les émissions de gaz à effet de serre (GES), car il est exempt de composés aromatiques et de soufre. Le biodiesel est un carburant biodégradable et renouvelable, obtenu par un processus chimique connu sous le nom de transestérification dans lequel l'huile végétale ou la graisse animale (triglycérides) réagit avec un alcool à chaîne courte, en présence d'un catalyseur, la glycérine étant l'un des principaux coproduits. La production d'esters méthyliques d'acides gras (FAME) *par* transestérification a été étudiée, en évaluant l'influence des catalyseurs hétérogènes CaO obtenus à partir de quatre résidus de pêche différents : sururu, crabe, palourde et moule. La caractérisation et les propriétés des résidus ont été obtenues par analyse thermogravimétrique, diffraction des rayons X, fluorescence des rayons X, spectres FTIR, adsorption/désorption d'azote, composition chimique et microscopie MEB. Les activités catalytiques et la cinétique de réaction de la synthèse d'EMAG à partir de la transestérification de l'huile de soja ont été réalisées. Le rendement en FAME a été déterminé par RMN 1H. Une efficacité et une vitesse de réaction supérieures ont été observées pour les catalyseurs obtenus à partir des résidus de sururu, avec un rendement de 93,7 % de FAME après 3,5 h de réaction lors de la première utilisation, ne diminuant qu'à 91,0 % après quatre cycles consécutifs de réutilisation. Les meilleures activités ont été attribuées à la présence de SrO, à une taille de particules plus petite, à des volumes de pores plus élevés et à une lixiviation plus importante du Ca, donnant du Ca-diglycéroxyde qui est une phase active importante pour la transestérification. Le catalyseur synthétisé avec les résidus de la pêche ouvre la voie à des catalyseurs renouvelables et recycle en même temps les déchets générés. L'utilisation de ces matériaux permet non seulement de réduire le coût du catalyseur et, par conséquent, le coût de production du biodiesel, mais aussi de recycler et de promouvoir les avantages environnementaux.

MOTS CLÉS : FAME ; Résidus de pêche ; Catalyseur hétérogène ; Mollusques bivalves, CaO.

Contenu

1. INTRODUCTION

1.1. Biocombustíveis

Bien que les découvertes de nouveaux puits de pétrole, comme les réserves de pétrole pré-sel du Brésil[1-4], montrent que de nombreuses analyses apportent la preuve que la société mondiale entre dans l'ère du "pic pétrolier"[5,6], un terme qui résume le concept selon lequel la production de pétrole brut augmente, atteint un pic puis diminue progressivement jusqu'à zéro. Outre les problèmes liés à l'épuisement et à l'augmentation du prix des combustibles fossiles, il existe également des préoccupations environnementales causées par les émissions de gaz polluants et de gaz à effet de serre (GES) dues à la combustion de matières fossiles, ce qui a conduit les chercheurs à rechercher des sources d'énergie alternatives. [7-9]

Les combustibles fossiles sont de véritables ennemis de l'environnement et leur utilisation a été largement débattue dans l'actuel accord de Paris. [10] L'une des propositions visant à réduire son utilisation a été son remplacement partiel ou total par des biocarburants, déjà adopté dans plusieurs pays. [11,12]. Parmi les biocarburants, le biodiesel se distingue par son potentiel de remplacement total ou partiel du pétrodiesel. Le biodiesel est un carburant renouvelable, biodégradable, non toxique, à combustion propre, qui produit de faibles émissions de particules, a un point d'éclair élevé, possède de meilleures propriétés lubrifiantes, a un indice de cétane élevé et est exempt de soufre et de composés aromatiques, et peut être produit à partir de déchets et de sources non alimentaires. [13]

Selon les normes européennes (EN 14214) et américaines (ASTM D6751), le biodiesel est un mélange d'esters alkyliques obtenu par une réaction de transestérification d'huiles végétales et de graisses animales avec de l'alcool à chaîne courte (Figure 1). La méthode la plus utilisée pour obtenir du biodiesel est la transestérification. Dans ce processus, les triglycérides présents dans les huiles végétales ou les graisses animales réagissent avec le méthanol en présence d'un catalyseur pour produire un mélange d'esters méthyliques d'acides gras, appelé FAME, et de glycérol.

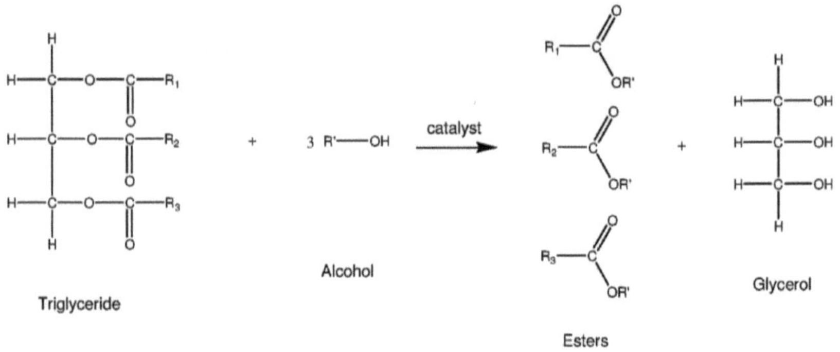

Figure 1: Synthèse du biodiesel. [14]

Selon les résolutions, le type d'alcool utilisé pour la réaction de transestérification n'est pas précisé. La spécification européenne sur le biodiesel (EN 14214) est plus restrictive et applique la définition du biodiesel uniquement aux esters monoalkyles fabriqués à partir du méthanol, les esters méthyliques d'acides gras (FAME). Malgré cette restriction sur l'alcool imposée par la spécification européenne pour le biodiesel, peut-être en raison de la toxicité et aussi du fait que le méthanol n'est pas un produit renouvelable, la réaction de transestérification a été effectuée dans certains pays avec différents alcools, tels que l'éthanol (ester éthylique d'acide gras - FAEE) et l'isopropanol, dans le but d'améliorer les propriétés d'écoulement à froid du biodiesel. [15] L'éthanol a été largement étudié, en particulier au Brésil et en Espagne, car il est renouvelable, a un faible impact environnemental et peut être produit à partir de ressources agricoles. Bien que l'alcool isopropylique soit utilisé à la place de l'éthanol pour améliorer encore les propriétés d'écoulement à froid du biodiesel dans la transestérification du soja, cet alcool est nettement plus cher, ce qui entraîne certaines restrictions à son utilisation à grande échelle. [16]

Différentes matières premières, sources de triacylglycérols (TG), sont utilisées dans le monde entier comme l'huile de soja, l'huile de colza, l'huile de canola, l'huile de palme, l'huile de coton, l'huile de Jatropha curcas, l'huile de cuisine usagée et les graisses animales. [17] Au Brésil, le biodiesel est produit à partir de diverses matières premières oléagineuses, mais les plus utilisées sont l'huile de soja, le suif de bœuf et l'huile de coton. L'huile de soja utilisée pour le biodiesel correspond à un excédent d'huile qui n'entre pas en concurrence avec la production alimentaire. [18]

1.2. Catalyseurs utilisés dans la synthèse du biodiesel

Des catalyseurs distincts sont utilisés pour accélérer la réaction de transestérification et peuvent être classés en catalyseurs homogènes et hétérogènes. Le principal procédé industriel de production de biodiesel est la transestérification alcaline avec du méthanol en présence d'un catalyseur homogène à base de méthylate de sodium. La réaction catalysée par une base est en effet plus rapide que la réaction catalysée par un acide. En outre, le rendement en esters alkyliques d'acides gras est plus élevé et les conditions de réaction sont relativement douces. 17

Selon la littérature19, le mécanisme d'une réaction de transestérification, à partir d'un catalyseur homogène basique, se déroule en 4 étapes (Figure 2) et peut être jusqu'à 4 000 fois plus rapide qu'un catalyseur homogène acide : le catalyseur basique réagit avec l'alcool pour produire un alcoxyde et devenir protoné (étape 1) ; l'alcoxyde attaque le carbone carbonyle de la TG, entraînant la formation de l'intermédiaire tétraédrique (étape 2) ; il y a un réarrangement dans l'intermédiaire tétraédrique, qui forme 1 mole d'ester d'alkyle et 1 mole d'anion de diacylglycérol (DG) (étape 3) ; le catalyseur est déprotoné par l'anion DG, régénérant la base et formant le DG neutre (étape 4) ; le processus est répété jusqu'à ce que le DG formé à l'étape 4 réagisse à nouveau avec un alcoxyde, formant 1 mole de FAME et 1 mole de diacylglycérols (MG) et il réagit également avec un autre anion anoxyde et forme, en plus de 1 mole de FAME, 1 mole de glycérol, dont la réaction globale est illustrée sur laFigure 1.

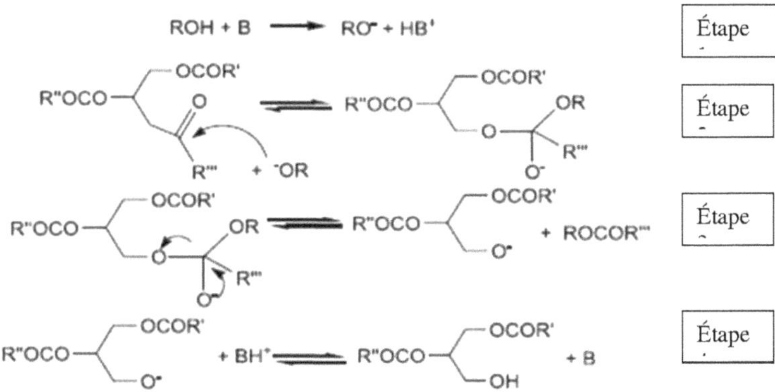

Figure 2: Mécanisme de la base homogène catalysée par transestérification. [19]

Cependant, le choix du catalyseur alcalin homogène dépend de la quantité d'acides gras libres (AGL) et de la concentration d'humidité présente dans la matière première. De plus, ce procédé implique des problèmes technologiques qui entraînent des coûts de production plus élevés. Parmi ceux-ci, on peut citer : i) la nécessité d'un lavage approfondi des FAME résultants pour l'élimination du catalyseur homogène, ce qui entraîne une production massive d'eaux usées ; ii) l'impossibilité de réutiliser les catalyseurs ; iii) une pureté moindre de la glycérine obtenue par transestérification en raison de la présence de catalyseur résiduel ; iv) la production de savons, ce qui entraîne une baisse du rendement du biodiesel ainsi que l'obstruction du processus, notamment lors de l'utilisation d'huiles à forte acidité. [20]

Ainsi, ces dernières années, la littérature scientifique a présenté de nombreux travaux pour développer des voies alternatives de synthèse du biodiesel, visant à simplifier le processus de transestérification et à garantir un impact environnemental moindre. À cette fin, il est proposé des réactions supercritiques, l'utilisation de micro-ondes ou d'ultrasons, la catalyse enzymatique et la catalyse hétérogène. Parmi ces alternatives, la catalyse hétérogène est présentée comme l'une des plus étudiées ces dernières années. Parmi ces alternatives, la catalyse hétérogène est présentée comme l'une des plus étudiées ces dernières années. Dans la catalyse hétérogène, la masse catalytique est supportée par des solides, ne se dissout pas au contact des réactifs et des produits, et peut donc être filtrée après la synthèse. Ainsi, l'utilisation de ces catalyseurs réduit les coûts liés aux lavages intensifs et à la production abondante d'eaux usées, elle peut également être recyclée et réutilisée par réactivation. Malgré les nombreux avantages de la catalyse hétérogène par rapport à la catalyse homogène, il convient de mentionner que l'activité des catalyseurs hétérogènes dépend de leur nature, des sites actifs, de la morphologie structurelle, de la porosité et de la stabilité thermique. Les catalyseurs hétérogènes représentent une vitesse de réaction plus lente, mais cette limitation peut être compensée en élevant la température de réaction, la pression, la quantité de réactifs, les rapports molaires huile/alcool, la teneur en catalyseur et le temps de réaction, afin d'obtenir la même conversion que celle obtenue avec la catalyse homogène. En outre, ces catalyseurs sont activés et désactivés thermiquement pour la réaction de transestérification à des températures proches du point d'ébullition du méthanol. La plupart des catalyseurs proposés sont coûteux et leur utilisation implique un changement de procédé opérationnel, ce qui a entravé leur application industrielle.

20

Parmi les catalyseurs hétérogènes alcalins utilisés dans la synthèse du biodiesel, les oxydes de métaux alcalino-terreux, les hydrotalcites et les zéolites basiques se distinguent. [21] Un grand nombre d'études ont été réalisées avec l'oxyde de calcium (CaO) en raison de ses avantages économiques, de sa forte basicité, de sa faible solubilité dans les alcools, de sa manipulation facile, de son excellente activité physico-chimique, de sa grande activité catalytique et de sa facilité d'acquisition. [22,23]

Actuellement, la transestérification hétérogène peut être décrite par deux mécanismes principaux : à site unique (type Eley-Rideal, ER) ou à double site (type Langmuir-Hinshelwood, LH). Selon le mécanisme ER, la réaction se produit à partir de l'adsorption d'un des réactifs sur le site catalytique, l'autre étant en phase liquide. Dans le mécanisme LH (Figure 3), les réactifs sont d'abord adsorbés ensemble sur la surface du site catalytique actif et réagissent ensuite, puis les produits sont désorbés. [24–26]

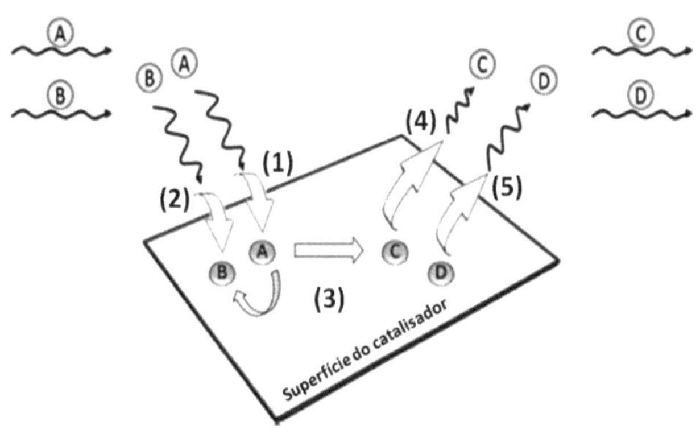

$$\mathbf{A} + S1 \; A \leftrightarrow .S1 \qquad\qquad (1)$$

$$\mathbf{B} + S2 \; B \leftrightarrow .S2 \qquad\qquad (2)$$

$$A.S1 + B.S2 + C \leftrightarrow .S1 + D.S2 \qquad (3)$$

$$C.s1 \; C \leftrightarrow + s1 \qquad\qquad (4)$$

$$D.S2 \; D \leftrightarrow + S2 \qquad\qquad (5)$$

Figure 3: Mécanisme de Langmuir-Hinshelwood (LH). $s1$ et $S2$ représentent les sites actifs, tandis que A.$s1$, B.$S2$, C.$s1$ et D.$S2$ signifient que les réactifs et les produits sont fixés sur les sites actifs. [27,28]

Le type de mécanisme de réaction dépend de l'alcool utilisé. Bien qu'il n'y ait pas encore d'explication clairement décrite dans la littérature, il a été constaté que l'alcool à chaîne supérieure préfère le mécanisme LH, tandis que l'alcool à chaîne inférieure préfère le mécanisme ER. Comme les alcools à chaîne courte sont les plus utilisés dans la synthèse du biodiesel à partir d'huiles végétales, le modèle ER (Figure 4) est préférable pour le méthanol et l'éthanol dans la réaction de transestérification. [25].

$$3\ ROH + 3\ S \leftrightarrow 3\ ROH.S$$

$$3\ ROH.S + TG \leftrightarrow 3\ FAME + GL.S + 2\ S$$

$$GL.S \leftrightarrow GL + S$$

Figure 4: Mécanisme d'Eley-Rideal (ER). ROH représente l'alcool à chaîne courte, TG est le triglycéride, FAME est le biodiesel, GL est le glycérol et S est le site actif, tandis que ROH.S et GL.S sont des représentations de la fixation de l'alcool et du glycérol au site actif, respectivement. Ci-dessus, on observe le détail de la fixation de l'alcool au site actif d'un catalyseur de Lewis basique (l'oxyde basique dans ce cas). [27,28]

Le mécanisme de la réaction de transestérification hétérogène du catalyseur CaO est illustré sur la Figure 5. Au cours du processus d'activation du catalyseur dans le méthanol22 , une petite partie du CaO subit une dissociation, bien que sa solubilité soit faible. [26,29] Cela permet à leurs sites actifs d'interagir avec l'alcool, formant ainsi l'anion méthylate. Dans l'étape 1 de la réaction, l'ion méthylate qui est fixé à la surface du catalyseur attaque le carbone carbonyle de la TG. Le résultat est la formation de l'intermédiaire tétraédrique (étape 2). Dans l'étape 3, l'intermédiaire tétraédrique se réarrange pour former l'anion DG et 1 mole d'ester méthylique. L'anion chargé est ensuite stabilisé par un proton à la surface du catalyseur pour former le DG et, en même temps, régénérer le catalyseur. Le cycle se poursuit jusqu'à ce que les trois centres carbonyles de la TG aient été attaqués par des ions méthoxydes pour former 1 mole de glycérol et 3 moles d'esters méthyliques. [30,31]

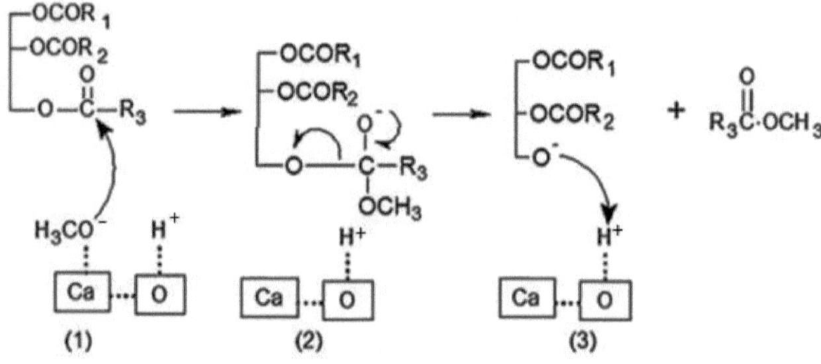

Figure 5: Mécanisme de la transestérification hétérogène catalysée par le CaO.[32]

Ainsi, la phase catalytiquement active est le méthylate de calcium (Ca-Met), $Ca(OCH3)_2$, formé par l'activation de CaO avec le méthanol pendant le processus de reflux et l'agitation immédiatement avant la réaction de transestérification elle-même. [33]

1.3. L'utilisation des résidus de la pêche comme catalyseurs hétérogènes dans la synthèse du biodiesel

Bien qu'il puisse être facilement extrait en grandes quantités du calcaire et donc être peu coûteux, le CaO peut également être obtenu efficacement par la calcination de résidus de CaCO3 tels que les coquilles d'œufs, les os, les coquilles d'huîtres et les coquillages, pour être utilisé dans la synthèse du biodiesel. L'utilisation de matériaux recyclés est non seulement efficace pour réduire les coûts de production, mais aussi pour préserver les ressources naturelles minérales. [20]

Parmi les sources citées, les résidus de pêche sont les plus prometteurs en raison de la demande et donc de la production d'une grande quantité de déchets. [34] Les résidus générés dans les usines de transformation du poisson correspondent à environ 50 % du poids du poisson, selon le type de produit et les techniques de transformation. Une grande partie de ces déchets est généralement éliminée à l'air libre sans aucun traitement pendant de longues périodes, ce qui fait de ces déchets un grave problème environnemental et de santé publique. [35]

Selon Rodríguez et al.[36] , les invertébrés constituent 95% de toutes les espèces du règne animal. Les crustacés sont l'un des groupes d'invertébrés les plus omniprésents, qui habitent tous les types d'habitats aquatiques. [36] Les crustacés ont une importance socio-économique pour de nombreuses communautés côtières qui vivent de la pêche aux crevettes, aux crabes, aux crabes et aux homards. Tout comme les bivalves, le corps des crustacés est protégé par un exosquelette (carapace ou coquille) composé d'environ 50 % de $CaCO_3$ et les 50 % restants sont répartis entre la chitine et le chitosane. [37–39]

Les crustacés (crabes, crevettes, etc.) et les mollusques bivalves (moules, huîtres, coquilles Saint-Jacques, etc.) sont des animaux marins composés principalement de carbonate de calcium, de molécules organiques volatiles et de biopolymères, principalement la chitine (et son principal dérivé, le chitosane), le Figura 1, ainsi que de molécules d'eau imprégnées par physisorption et chimisorption. [40–43]

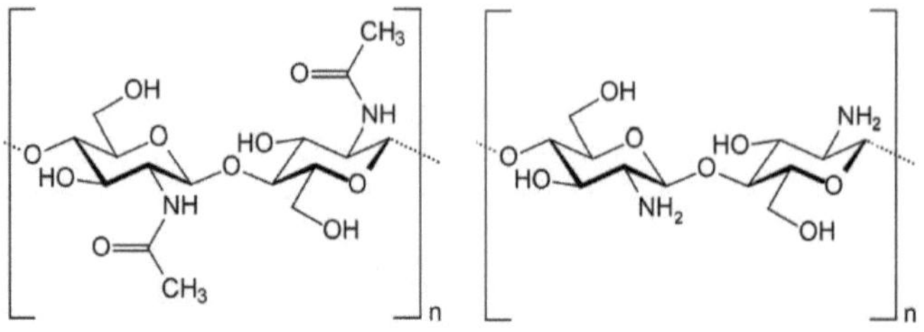

Chitin

Chitosan

Figura 1- Représentation des structures primaires de la chitine et du chitosane, où n est le degré de polymérisation.

Les mollusques sont des animaux à corps mou qui sont protégés par une coquille dure (carapace), dans laquelle différentes espèces forment différents types de coquilles. Les mollusques se trouvent dans un large éventail d'habitats : eaux intermatérielles, rivières sablonneuses, surfaces rocheuses, mangroves, marécages, récifs coralliens et dans les écosystèmes estuariens. [37]

Les coquilles de mollusques assurent une protection contre les prédateurs et les environnements difficiles, dans lesquels le carbonate de calcium (sous forme de calcite et d'aragonite) est le principal composant (environ 95 %) en plus de différentes concentrations de métaux lourds. La quantité de ces métaux dépend de l'*habitat* dans lequel ils vivent et de la pollution de ce milieu, essentiellement en raison de leur action filtrante marine. [37,44–46]

Les mollusques sont subdivisés en 7 classes, dont la classe *Bivalvia* est la deuxième plus grande. Les mollusques bivalves ont un corps bilatéral symétrique qui est comprimé latéralement et fermé dans une coquille composée de deux valves. Le format, la taille, la couleur, etc. sont des caractéristiques importantes dans l'identification des espèces. [37,45]

La production de mollusques bivalves et de crustacés dans le monde est assez importante et leur transformation produit des quantités significatives de résidus de coquilles. [43,47] Une grande partie de ces déchets est généralement éliminée à l'air libre sans aucun traitement pendant une longue période, voire jamais traitée, ce qui constitue un problème grave et une menace potentielle pour la population, où le moindre problème est l'odeur désagréable. [43,48]

De la nécessité de réduire la grande quantité de ces résidus de pêche, un grand effort a été fait pour l'application industrielle et artisanale des coquillages, en réduisant les coûts de traitement et l'élimination de ces matériaux. [43,49]

Actuellement, c'est également la réalité d'une grande zone côtière du Brésil, où d'innombrables communautés riveraines vivent de la pêche artisanale, où les résidus de ces coquillages deviennent un sujet de préoccupation quant à ce qu'il faut proposer pour donner une destination correcte à ces déchets. Jusqu'à récemment, il n'existait aucun projet de traitement de ces résidus. [50]

Au Brésil, de nombreuses communautés côtières survivent grâce à la pêche artisanale, et les résidus de coquillages sont une préoccupation nationale. Cependant, il n'existe pas de projets de valorisation de ces matériaux. Rien qu'en 2011, environ 5 900 tonnes de mollusques bivalves ont été pêchées dans cette région. [51] Parmi les mollusques bivalves, les principales préoccupations environnementales concernent Mytella *falcata* (sururu), *Mytilus eduli* (moule) et *Anomalocardia brasiliana* (palourde), ainsi que le crustacé *Ucides cordatus* (crabe) (Figure 6). [52] C'est pourquoi les carapaces résiduelles de ces espèces ont été choisies comme objets du présent travail.

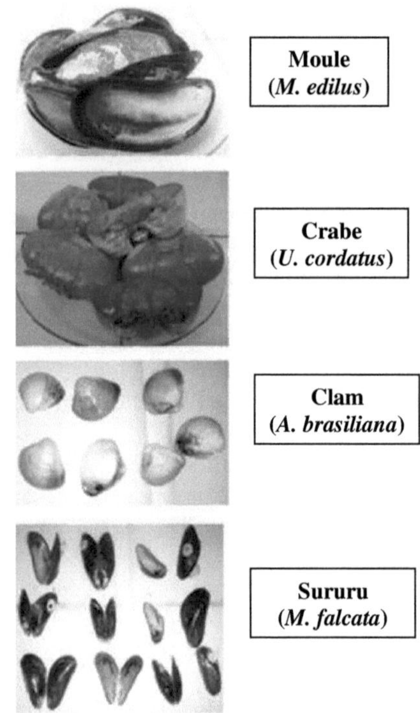

Figure 6: Mollusques bivalves et coquilles de crabe uçá utilisés dans la préparation du catalyseur hétérogène pour la synthèse du biodiesel.

Ce travail étudie l'influence de ces quatre différents types de résidus de pêche brésiliens à forte teneur en calcium (coquilles de crabe, de sururu, de moules et de palourdes) comme sources de catalyseurs hétérogènes hautement actifs pour la production d'EMAG à partir d'huile de soja *par* transestérification. Les caractéristiques physico-chimiques et morphologiques des catalyseurs ont été corrélées avec l'activité. L'utilisation de ces résidus peut contribuer à des processus respectueux de l'environnement qui réduisent le volume des déchets et favorisent la production de biocarburants.

Cette proposition de recycler les résidus de la pêche pour les utiliser comme catalyseur hétérogène dans la synthèse du biodiesel, s'inscrit également parfaitement dans le cadre de l'accord de Paris. [43,46,47,53] Cette proposition répond à deux volets de cet accord, puisque la production de biodiesel à l'aide de catalyseurs obtenus à partir de déchets confère un caractère encore plus durable à sa chaîne de production. [54]

Le sururu est bien connu et considéré comme une source importante de nourriture, étant largement exploré dans la région du Nord-Est du Brésil et considéré comme un symbole de la région. [51,55,56] Cependant, sa collecte est une activité qui génère de grandes quantités de déchets. L'exploitation irrégulière du sururu et le dépôt incorrect de ses résidus ont causé de nombreux problèmes environnementaux. Rien qu'en 2011, 3 772 tonnes d'espèces d'huîtres (y compris les fruits de mer) et 2 133 tonnes de sururu ont été capturées. [51]

La pêche aux palourdes (*Anomalocardia brasiliana*) est très répandue dans le littoral du Brésil, et revêt une grande importance économique pour les groupes familiaux de pêcheurs. [57,58] Au nord-est du Brésil, les fruits de mer sont l'espèce dont la production est la plus importante, avec plus de 2 000 tonnes par an, et qui constitue la principale source de revenus des cueilleurs de coquillages. [58] Ainsi, en plusieurs points de cette zone côtière, on trouve de grandes quantités de résidus de mariculture. Ces dépôts ont causé des dommages aux mangroves et aux rivières de ces régions, puisque les berges des rivières sont échouées, interférant ainsi dans toute la dynamique de la mangrove. Jusqu'en 2014, selon les agences environnementales, il n'existait aucun projet de traitement de ces résidus. [50]

L'uçá-crabe (*Ucides cordatus*) se distingue également dans l'économie comme l'une des ressources les plus exploitées des mangroves brésiliennes. [59,60] De nombreuses études mettent en évidence l'utilisation des espèces de crabe également dans la production de catalyseur. [61-64] Les recherches ont montré que les catalyseurs dérivés des résidus de carapace présentaient une forte activité dans la transestérification des huiles végétales, contribuant à une production de biodiesel plus économique et plus durable[46], puisque l'efficacité moyenne de ces catalyseurs est de 4 cycles. [65–68]

2. EXPERIMENTAL

2.1. Matériel

L'huile de soja commerciale (Liza®) a été utilisée sans autre purification. Tous les réactifs et les solvants étaient de qualité analytique : Méthanol (99,8%, VETEC®, Brésil),CaO (90,0%, VETEC®, Brésil) et CDCl3 contenant 1% de TMS (D, 99,8%, CIL®, USA). Les coquilles des crustacés et des mollusques bivalves ont été obtenues à partir du processus de pêche résiduel sur la côte nord-est du Brésil. Les résidus ont été nettoyés à l'eau du robinet et à l'eau distillée, puis séchés dans un four à 100 °C pendant 1 h. Après séchage, les coquilles ont été broyées dans un broyeur à boulets et passées au tamis à 70 mailles. La fine poudre obtenue était codée en fonction de sa source : CaCO3-crabe (*Ucides cordatus* crab), CaCO3-moule (*Anomalocardia brasiliana* clam), CaCO3-moule (*Mytilus edulis mussel)* et CaCO3-sururu (*Mytella falcate* mussel). Les matériaux ont été calcinés dans un four à moufle à 900 °C pendant 3 h, ce qui a donné une fine poudre blanche codée respectivement comme CaO-crabe, CaO-mactre, CaO-moule et CaO-sururu. Ces catalyseurs ont été maintenus dans un dessiccateur sous vide jusqu'au moment de la réaction.

2.2. Caractérisation des catalyseurs

Les courbes thermogravimétriques ont été obtenues en utilisant une thermobalance Shimadzu modèle DTG-60H à une vitesse de chauffage de 3 °C/min, de 10 à 900 °C, sous atmosphère d'azote avec un débit de gaz de 100 mL/min. Les diffractogrammes de rayons X (XRD) ont été obtenus en utilisant un diffractomètre Bruker modèle D8 Advanced, tube de Cu (Cu Kα, λ = 1,5418 Å), tension de 30 kV, courant de 30 mA, pas de 0,02° et vitesse d'écran de 5°/min, à un intervalle 2θ de 10 à 50°. Les analyses FTIR/ATR ont été effectuées à l'aide d'un spectromètre Perkin-Elmer, modèle Spectrum 400-FT-IR/FT-NIR. Les spectres ont été recueillis à partir de 128 balayages, avec une résolution de 4 cm-1 et une plage de longueur d'onde de 4 000 à 400 cm-1. Les isothermes d'azote ont été obtenues à l'aide d'un appareil de Micromeritique autosorbant, modèle 2420. Avant l'adsorption, les catalyseurs de CaO ont été dégazés à 120 °C pendant 8 h jusqu'à ce qu'ils atteignent une pression de 300 µm Hg. Les surfaces spécifiques ont été calculées selon la méthode BET (Brauner, Emmett, Teller), en faisant varier P/P0 = 0,05-0,30. Le volume total des pores a été déterminé en mesurant la quantité adsorbée à une pression relative de 0,99. Les analyses au microscope électronique à balayage (MEB) ont été effectuées dans un microscope à balayage TESCAN MIRA 3, avec une tension accélérée de 5 keV. Les échantillons avaient été préalablement traités par pulvérisation d'or à l'aide du Sanyu Electron, modèle QUICK COATER SC-701, avec un courant de 6 mA pendant 5 min pendant le processus de métallisation. La composition chimique élémentaire des échantillons a été obtenue par spectroscopie de fluorescence X dispersive en énergie à l'aide d'un spectromètre Rigaku NEX DE VS 60 kV. Pour ces analyses, deux canaux ont été utilisés : Sr à une tension de 35 kV et un courant de 300 mA, et NaCl à une tension de 6,5 kV et un courant de 100 mA. Le temps d'irradiation pour toutes les mesures a été de 100 s sous atmosphère d'hélium.

2.3. Synthèse, caractérisation et analyse cinétique de la FAME

Les réactions de transesterification ont été réalisées en utilisant un rapport molaire méthanol:huile de soja de 18:1 à la température de reflux sous pression atmosphérique et avec une agitation magnétique de 400 rpm. La masse molaire de l'huile de soja, basée sur sa composition, était de 1 288 g/mol, selon une publication précédente. [14] La proportion de catalyseur CaO utilisée était de 5 % (masse/masse) par rapport à la masse de l'huile de soja. Le catalyseur a été agité avec du méthanol à la température de reflux pendant 1 h. L'huile de soja (50 g), préalablement chauffée à 65 °C, a été ajoutée au mélange, et le reflux a été poursuivi. Pendant les réactions, des aliquotes de 1 ml ont été recueillies toutes les 30 minutes. Ces aliquotes ont été centrifugées à 500 tours/minute pendant 30 min pour isoler la couche organique du catalyseur et de la glycérine. L'alcool résiduel présent dans la couche organique supérieure a été éliminé en la chauffant dans un four à 100 °C pendant 1 h.

Ces couches organiques ont d'abord été analysées qualitativement par chromatographie sur couche mince en utilisant comme standard l'huile de soja utilisée lors de la réaction et un échantillon de biodiesel pur (B100). La phase stationnaire était du gel de silice et l'éluant était un mélange d'hexane/acétate d'éthyle/acide acétique 90/10/1. La CCM a été révélée dans des vapeurs d'iode

La couche sèche organique résultante a été analysée par RMN ^{1}H dans un spectromètre Varian Unity Plus 300 à 300 MHz, les échantillons étant dissous dans du CDCl3 et du tétraméthylsilane (TMS) comme étalon de référence interne. Des analyses RMN [1H] ont été effectuées pour la quantification du rendement en FAME en surveillant les signaux des groupes méthoxyle et α-CH2.[69]

Un modèle cinétique du premier ordre pour les TG et la concentration de méthanol a été obtenu sur la base de (équation *1*.[27]

$$-\frac{d[TG]}{dt} = k\,[TG]^a.[Moi]^b \qquad\qquad (\text{équation } 1)$$

Où, $-\dfrac{d[TG]}{dt}$ k, $[TG]$, $[Me]$ sont respectivement le taux de consommation des triglycérides, la constante de vitesse de réaction, les concentrations de TG et de méthanol. Les exposants a et b *sont* déterminés expérimentalement et sont liés à l'ordre de réaction pour le triglycéride et le méthanol respectivement. Dans ce travail, un rapport molaire de méthanol:huile de 18:1 a été utilisé pour favoriser la réaction de transestérification. Un mécanisme de type Eley-Riedel a été envisagé, dans lequel seul le méthanol est adsorbé à la surface du catalyseur. Les réactions d'inversion ne sont pas significatives. La vitesse de réaction est alors exprimée dans l'Equation 2.

$$-\frac{d[TG]}{dt} = k\theta_{\text{Moi}}[TG] \qquad \text{(Equation 2)}$$

Où Me est le degré de couverture de la surface du catalyseur par l'adsorption de méthanol. Comme un excès de méthanol a été utilisé, kMe peut être considéré comme constant, et $kMe = k'$, à cet égard, la vitesse de réaction peut être simplifiée pour un pseudo modèle de premier ordre tel qu'il est exprimé dans (équation 3 :

$$-\frac{d[TG]}{dt} = k' [TG] \qquad \text{(équation 3)}$$

L'équation suggère que la réaction de transestérification avec excès de méthanol peut être considérée comme un pseudo premier ordre, comme le montre l'équation intégrée (Equation 4) :

$$\ln\frac{[TG]}{[TG]_0} = k'.\,t_f \qquad \text{(Equation 4)}$$

Étant donné que les quantités de MG et de DG ne sont pas significatives, l'Equation 4peut être exprimée sous la forme d'une conversion TG X (Equation 5) :

$$\ln(1 - X) = k'.\,t_f \qquad (\textit{Equation 5})$$

Les constantes de vitesse apparentes, k', ont été calculées par la pente des lignes obtenues dans les courbes -ln(1-X) en *fonction du* temps. La conversion initiale a été calculée entre 0 et 1,5 h de réaction de transestérification.

2.4. Réutilisation du catalyseur

Pour étudier la réutilisabilité du catalyseur, 100 g d'huile de soja ont été chauffés avec du méthanol dans un rapport molaire de 18:1 (méthanol:huile de soja) et 5 % (masse/masse) du catalyseur CaO-sururu au reflux pendant 3,5 h. Le catalyseur a été éliminé par filtration sous vide et la glycérine a été séparée par décantation. Le catalyseur filtré a ensuite été immédiatement pesé et transféré dans un autre ballon de réaction contenant du méthanol, sans aucun prétraitement, pour être réutilisé quatre fois dans les mêmes conditions de réaction. Pour chaque réaction, l'excès de méthanol a été éliminé de la couche organique résultante sur un évaporateur rotatif à pression réduite et analysé par RMN 1H pour déterminer la teneur en FAME.

La teneur en calcium lixivié du catalyseur à l'EMAG a été déterminée en utilisant une méthodologie adaptée de la littérature70 , dans laquelle 1 ml d'échantillon a été ajouté à 25 ml d'éthanol contenant 1 ml d'une solution tampon d'ammonium (~pH 10) composée de NH4Cl/NH4OH. Après homogénéisation, une petite quantité d'indicateur Eriochrome T a été ajoutée sous agitation jusqu'à la dissolution. Le mélange a été titré avec une solution standard de 0,01 mol/L d'EDTA jusqu'à ce que la couleur passe du violet au bleu. La teneur en calcium a été calculée par l'Equation 6 $Ca2+$ est la teneur en calcium ; *V est* le volume d'EDTA utilisé dans le titrage ; *M est la* concentration molaire d'EDTA ; *MM est la* masse molaire du calcium et *m est* la masse de l'échantillon.

$$[Ca^{2+}] = \frac{V.M.MM}{m} \qquad \text{(Equation 6)}$$

3. RÉSULTATS ET DISCUSSION

3.1. Caractérisation des résidus de pêche et des catalyseurs

3.1.1. Analyse thermogravimétrique (TGA)

L'analyse thermogravimétrique des résidus de la pêche est présentée à la Figure 7. On observe trois étapes principales de perte de masse au cours du processus de décomposition thermique des résidus, ce qui est très courant dans ce type de mollusques bivalves et de coquilles de crustacés. [43] Ces trois étapes sont encore plus évidentes lors de la décomposition thermique du crabe (CaCO3-crabe).

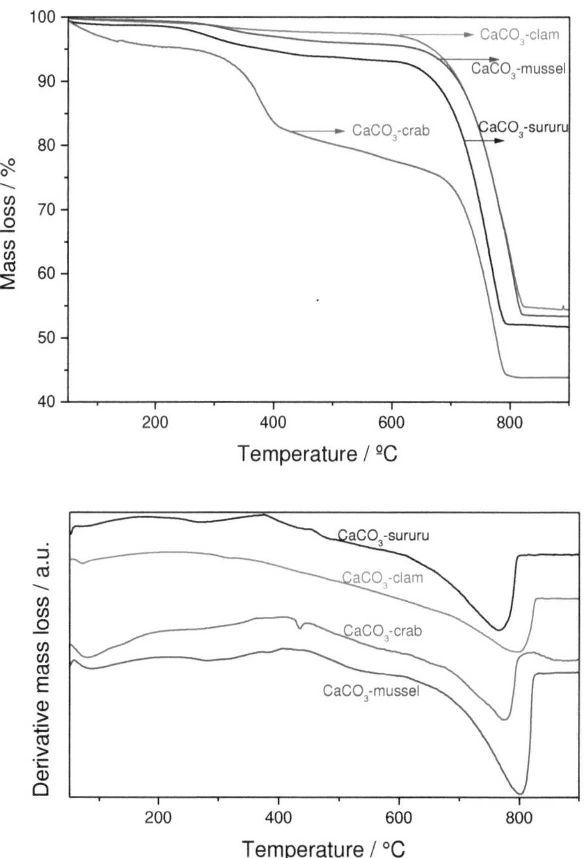

Figure 7: Courbes TG et DTG des résidus de pêche.

La première étape de la perte de masse, présente dans tous les échantillons jusqu'à 250 °C, fait référence à l'élimination des molécules d'eau et des matières organiques volatiles présentes dans les coquilles par physisorption et chimisorption des molécules sur les coquilles. [71] Comme le montre le Tableau *1*, ces espèces étaient présentes en faibles quantités dans les échantillons, à l'exception du crabe $CaCO_3$, pour lequel la perte de masse était plus importante en dessous de 400 °C, comme l'ont également observé les travaux de Madhu et al. [63]

Tableau 1: Pourcentage de perte de masse d'après l'analyse TG et les rendements en CaO après calcination des carapaces de crabe, de sururu, de moules et de palourdes :

Exemple	1ère perte de masse (%) (50–250 °C)	2ème perte de masse (%) (250–600 °C)	3ème perte de masse (%) (600–825 °C)	Masse Rendement (%)
$CaCO_3$-sururu	2.0	5.0	41.5	51.8
Crabe des neiges ($CaCO_3$)	4.9	17.4	33.8	49.7
Moule $CaCO_3$	0.8	3.5	42.2	50.3
Palourde $CaCO_3$	1.0	1.8	42.6	51.4

aLe *rendement massique (%) est le rapport entre la quantité de l'échantillon et la quantité de CaO obtenue après calcination*

La deuxième étape de perte de masse, entre 250 et 600 °C, concerne l'élimination de l'eau du $Ca(OH)_2$ et la décomposition des composés organiques. [43,63] Ce stade a été observé dans tous les échantillons, étant plus prononcé dans les carapaces du crabe. Comme le crabe est un crustacé, sa carapace contient une quantité importante de biopolymères de chitine et de chitosane. [71]

$$CaO + H_2O \rightarrow Ca(OH)_2$$

$$Ca(OH)_2 \rightarrow CaO + H_2O$$

Les troisièmes pertes de masse ont été observées dans tous les échantillons entre 600 et 850 °C. À ce stade, environ 42 % des pertes de masse se sont produites dans les mollusques bivalves (tableau 1). La décomposition dans cette plage de température peut être attribuée à la transformation du CaCO3 en CaO avec libération de [CO2], ce qui représente une perte stoechiométrique d'environ 44 % et corrobore les données de la littérature. [43,63,71] Dans le cas du crabe CaCO3, la perte de masse était d'environ 34%, ce qui est inférieur à la valeur stoechiométrique en raison de la présence d'autres composés organiques, tels que les biopolymères. [71] Pour tous les échantillons, la perte de masse s'est stabilisée à 830 °C. Ensuite, la température de calcination a été fixée à 900 °C pour obtenir les catalyseurs. Après la calcination, les rendements en CaO étaient d'environ 43-57% pour tous les matériaux (tableau 1), ce qui est similaire à ceux rapportés dans la littérature. [67]

3.1.2. Diffractogramme des rayons X (XRD)

Le CaCO3 se présente naturellement sous deux formes cristallines anhydres principales, par ordre décroissant de solubilité dans l'eau : l'aragonite (symétrie orthorhombique, D2h) et la calcite (symétrie rhomboédrique, D3d) (Figure 8. En plus de ces polymorphes, il existe dans la littérature des rapports sur les structures amorphes du CaCO3, y compris les systèmes biologiques. La calcite est la forme la plus stable thermodynamiquement du CaCO3, étant le principal constituant du calcaire. Dans les minéraux à base de CaCO3 produits biologiquement, la calcite et l'aragonite sont toutes deux très courantes et répandues. En comparaison, l'aragonite est légèrement moins stable que la calcite dans les mêmes conditions physiques, et peut éventuellement se transformer en cette dernière.

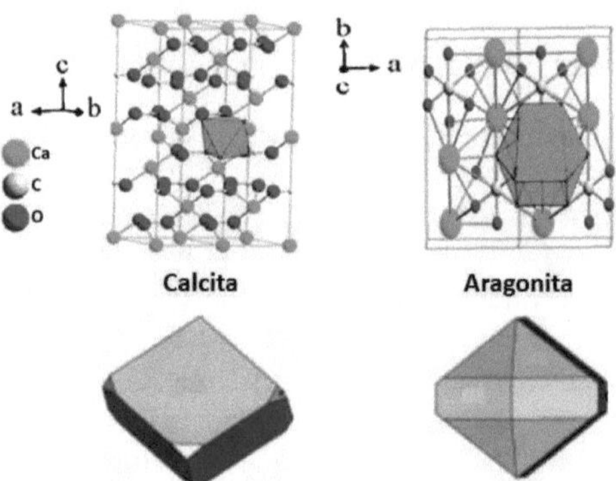

Figure 8: Structures et morphologies schématiques des polymorphes du carbonate de calcium : calcite (symétrie D3d) et aragonite (symétrie D2h). [72,73]

Les diffractogrammes des coquilles avant la calcination sont présentés sur la Figure 9. Les diagrammes de diffractogramme pour les coquilles de CaCO3 étaient similaires à la structure cristalline de l'aragonite standard (numéro PDF 01-072-1650), un polymorphe communément trouvé dans les minéraux de CaCO3 produits biologiquement. [67] Cette structure est différente de celle du crustacé, le crabe CaCO3, qui était similaire à la forme cristalline de la calcite standard (numéro PDF 01-072-1650). Ce résultat est compatible avec d'autres études disponibles dans la littérature. [74] Le CaCO3-moule et le CaCO3-sururu présentaient toutefois des réflexions associées à un mélange des formes cristallines de l'aragonite et de la calcite, comme indiqué précédemment dans les résidus de moules. [75] Dans les deux cas, le pourcentage de chaque phase a été déterminé à l'aide du logiciel Mach-3 qui a montré 68% de calcite et 32% d'aragonite pour CaCO3-moule et 94% de calcite et 6% d'aragonite pour CaCO3-sururu.

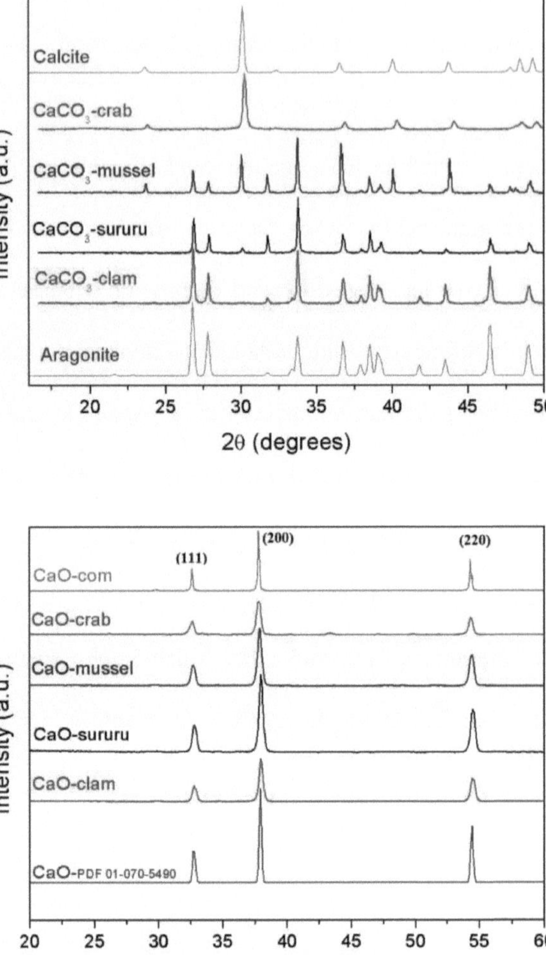

Figure 9: Diffractogrammes des résidus de pêche avant calcination et catalyseurs CaO.

Les diffractogrammes des échantillons calcinés (Figure 9) ont présenté des réflexions dans 2θ ~ 32,05°, 37,25° et 53,80°, caractéristiques du CaO (numéro PDF

01-070-5490) qui démontrent le succès des calcinations et de la conversion du carbonate en oxyde. Ainsi, quelle que soit la forme cristalline de la coquille d'origine, tous les oxydes obtenus possédaient la même forme cristallographique. Le diffractogramme du CaO (CaO-com) obtenu à partir d'un CaCO3 commercial, dans les mêmes conditions de calcination (Figure 9 présente le même schéma que les diffractogrammes des autres catalyseurs de CaO dérivés des résidus de la pêche. Aucune autre phase contenant du calcium n'a été détectée dans les oxydes. La taille des cristallites de CaO a été déterminée par l'équation de Scherrer. Les résultats du Tableau 2 montrent que la taille calculée des cristallites de CaO variait de 23,4 à 25,5 nm pour tous les oxydes, à l'exception du CaO-com commercial qui était de 59,9 nm. Ce fait suggère que les résidus de la pêche sont un moyen efficace d'obtenir des cristallites de CaO de taille nanométrique. Les cristallites de CaO de CaO-sururu et de CaO-crabe étaient légèrement plus petites que celles de CaO-moule et de CaO-mateau (Tableau 2).

Tableau 2: Propriétés de texture et composition des catalyseurs CaO obtenus après calcination des résidus de pêche à 900 °C, par rapport au CaO provenant du CaCO3 commercial.

Catalyseur	Superficie ($m^2\ g^{-1}$)	Volume des pores ($cm^3\ g^{-1}$)	Taille des pores (nm)	Crystallite Size[b] (nm)	CaO[a] (%)	MgO[a] (%)	SrO[a] (%)	Fe2O3[a] (%)	Al2O3[a] (%)	P2O5[a] (%)	SiO2 (%)	S (%)
CaO-sururu	3.2	0.0143	17.7	24.7	98.6	ND	0.39	0.02	0.60	ND	0.24	0.15
CaO-crab	3.5	0.0141	16.0	23.4	88.4	4.69	0.84	0.05	0.68	4.59	0.45	0.26
CaO-moule	3.0	0.0131	17.6	25.5	98.9	ND	0.25	0.05	0.64	ND	ND	0.19
CaO-clam	2.8	0.0118	16.9	25.5	98.4	ND	0.29	0.23	0.67	ND	0.31	0.12
CaO-com	0.9	—	10.9	59.9								

[a] Composition à partir des analyses EDX

[b] Taille des cristallites de CaO selon l'équation de Scherrer en pic de 220 oxydes

Les spectres FTIR-ATR des coquilles non calcinées sont présentés à la Figure 10. Les modes vibratoires sont attribués à l'étirement asymétrique v_{as} (CO) à 1405 cm-1 pour le crabe CaCO3, à 1450 cm-1 pour la palourde CaCO3 et le sururu CaCO3, et à 1415 cm-1 pour la moule CaCO3. Les déformations angulaires en dehors du plan de γ (CO3) sont attribuées à la bande de 870 cm-1 pour le crabe des neiges et à 860 cm-1 pour les autres échantillons. 76,77

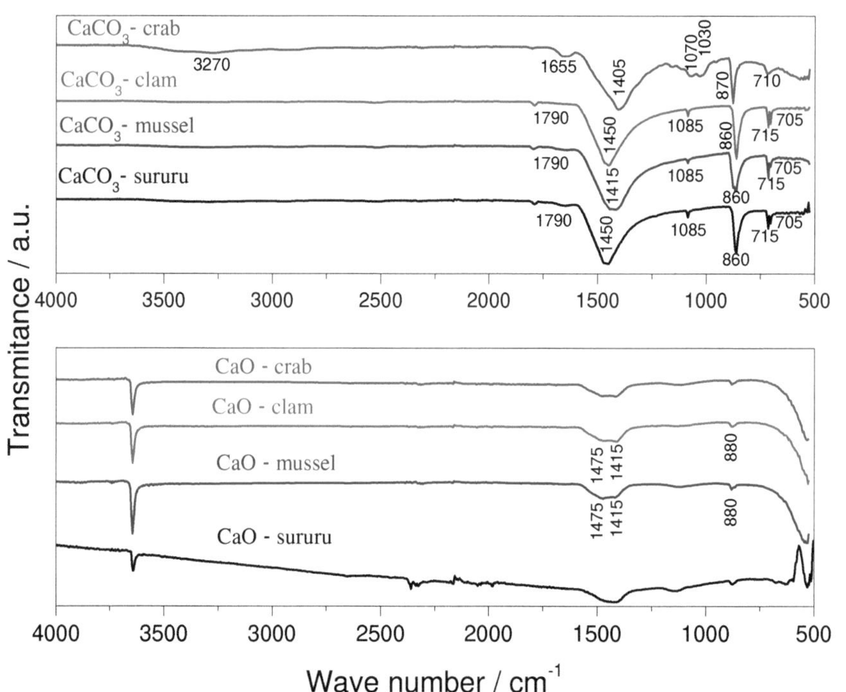

Figure 10: Spectres FTIR-ATR des résidus de pêche non calcinés et des catalyseurs CaO.

Il y a un déplacement vers une fréquence plus basse de la bande v_{as} (CO) et un déplacement vers une fréquence plus longue de la bande γ (CO3) dans l'échantillon de crabe CaCO3 par rapport aux spectres du sururu bivalve, des coquilles de palourdes et de moules. Ce phénomène peut être attribué à la forme cristalline de la calcite car les échantillons de sururu CaCO3 et de coquilles de palourdes CaCO3 ont une structure cristalline d'aragonite, comme nous l'avons vu précédemment dans l'analyse XRD. En outre, selon les données de l'analyse par rayons X, la moule CaCO3 est constituée d'une combinaison de calcite et d'aragonite (Figure 9, ce qui fait que sa fréquence $_{vas}$ (CO) se situe entre les valeurs trouvées pour le crabe CaCO3 et la mactre CaCO3-sururu/CaCO3. La bande unique de déformation dans le plan δ (OCO) vibration à 710 cm-1 pour l'échantillon de crabe CaCO3 (Figure 10) confirme également sa structure cristalline comme calcite, alors que le double pic à 705 et 715 cm-1 correspond à la structure de l'aragonite pour les mollusques bivalves.

La bande de 1085 cm-1 (Figure 10) trouvée dans les trois échantillons de mollusques bivalves peut être attribuée à l'étirement vibratoire symétrique $_{vs}$ (C-O) de l'aragonite, un fait qui concorde avec les modèles de diffraction. En attendant, le pic caractéristique de cette vibration est inactif en FTIR dans l'échantillon de crabe CaCO3, composé essentiellement de calcite. [76] Cependant, un double pic observé à 1030 et 1070 cm-1 est attribué à l'étirement du groupe C-O-C du biopolymère de chitine, communément trouvé dans les crustacés et discuté dans l'analyse TG. La présence de chitine dans le crabe CaCO3 peut également être observée par la présence de la bande à 1655 cm-1, caractéristique du C=O du groupe acétyle dans l'amide secondaire, et de la bande à 3270 cm-1, résultant de la vibration d'étirement symétrique des groupes O-H chevauchant le pic caractéristique des vibrations d'étirement symétriques N-H. [71]

Les spectres FTIR-ATR des catalyseurs obtenus à partir de la calcination des résidus de carapaces de crabe et de bivalves sont présentés à la Figure 10. Dans tous les spectres, une bande d'absorption proche de 530 cm-1, caractéristique du CaO, a été observée. [63] Un autre point commun à tous les spectres est la bande à 3645 cm-1, qui est attribuée à la vibration d'étirement des groupes hydroxyles qui sont liés au calcium suite à la formation de Ca(OH)2, après exposition du catalyseur à l'humidité de l'air. [78] bandes infrarouges à 1415-1475 et 880 cm-1 peuvent être attribuées à v2 étirement asymétrique et v3 vibration de flexion hors plan du carbonate, respectivement. [79] Ces bandes indiquent qu'une certaine quantité minimale de CO_2 a été adsorbée sur la surface du catalyseur après exposition à l'air.

3.1.4. Propriétés de texture et compositions chimiques

Les propriétés de texture des catalyseurs obtenus à partir de la calcination des coquilles sont indiquées dans le Tableau 2. Les surfaces spécifiques de tous les catalyseurs étaient d'environ 3 m²·g-1, ce qui est considéré comme faible mais approprié pour les oxydes. La taille des pores était d'environ 17 nm pour tous les catalyseurs, ce qui est compatible avec la taille des triglycérides pour accéder aux sites actifs du catalyseur. Tous les échantillons présentaient un faible volume de pores. Toutefois, les catalyseurs CaO-sururu et CaO-crabe présentaient un volume de pores plus élevé que les catalyseurs CaO-moule et CaO-mâles. De plus, la surface des catalyseurs CaO-crabe et CaO-sururu était légèrement supérieure à celle des catalyseurs CaO-moule et CaO-maille. Ces résultats sont conformes à la taille des cristallites de CaO déterminée à partir des données de la radiographie. Dans ce cas, plus la taille du cristallite est petite, plus la surface spécifique est élevée. Un fait important est que tous les catalyseurs présentaient une surface supérieure à celle du CaO commercial qui était de 0,9 $m^2 \cdot g^{-1}$. LaFigure 11 montre que les isothermes d'adsorption-désorption d'azote pour tout le CaO étaient de type II, matériau typique avec peu de pores, peut-être parce que les catalyseurs avaient été soumis à des températures de calcination élevées. [80]

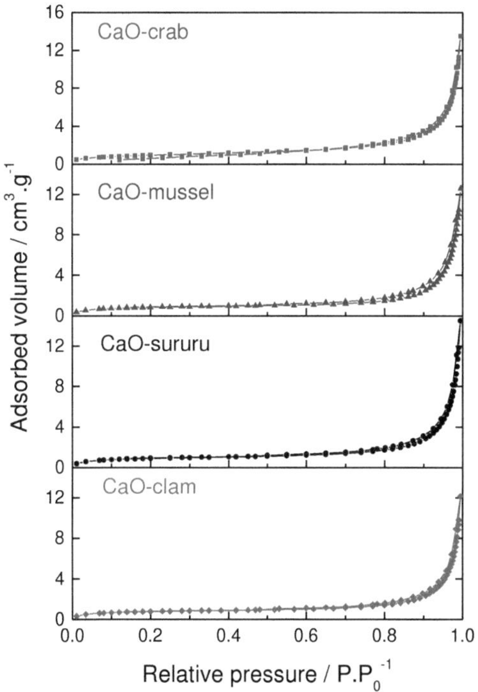

Figure 11: Isothermes d'adsorption et de désorption de l'azote des catalyseurs CaO

La composition chimique de la coquille des mollusques et des crustacés dépend de l'habitat de ces espèces car beaucoup de ces coquilles servent de filtre environnemental qui adsorbe différents métaux. Le Tableau 2 montre que, comme prévu, tous les catalyseurs étaient composés principalement de CaO. Cependant, la présence d'environ 1% de certains autres métaux a été identifiée dans les coquilles de tous les mollusques bivalves (Tableau 2). La présence de soufre identifié dans les moules CaO et de potassium dans les échantillons de crabes CaO et de palourdes CaO a également été signalée dans la littérature pour d'autres coquilles calcinées. [77] Une teneur en strontium légèrement plus élevée a été observée dans les catalyseurs CaO-crabe et CaO-sururu par rapport aux autres échantillons. Le crabe CaO présentait également une quantité considérable de MgO (4,7 %) et de P2O5 (4,6 %), qui n'a été observée dans aucun autre catalyseur dans le cadre du présent travail. La présence de ces quantités considérables de MgO et de P2O5 a permis de diminuer le pourcentage de CaO.

Figure 12 présente une comparaison des micrographies SEM pour les coquilles brutes (CaCO3) et les catalyseurs calcinés (CaO). Les morphologies des coquilles brutes (Figure 12, C, E et G) présentaient une architecture compacte et stratifiée de particules de taille irrégulière avec peu de pores de surface évidents. [43,74]

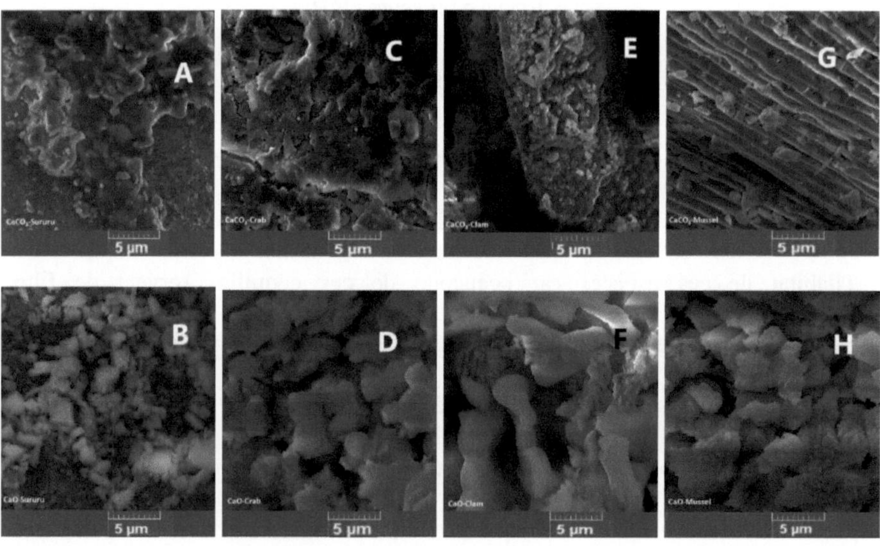

Figure 12: Micrographies SEM de (A) sururu, (C) crabe, (E) palourde et (G) résidus de pêche de moules et CaO (B) sururu, (D) crabe, (F) palourde et (H) moules catalyseurs obtenus après calcination.

Les catalyseurs (Figure 12, D, F et H) présentaient des tailles de particules plus petites que les échantillons d'enveloppe originaux (Figure 12, C, E et G), ce qui correspond aux résultats rapportés dans la littérature. La morphologie irrégulière des catalyseurs calcinés peut être attribuée à la température de calcination élevée. [63] Ces changements sont principalement le résultat de la volatilisation des matières organiques présentes dans les matrices de coquille pendant le processus de calcination, en plus de la libération du CO_2 de la surface suite à la décomposition du CaCO3 pour former du CaO. [49] On peut observer une morphologie en chou-fleur ou en nid d'abeille à la surface des catalyseurs en crabe de CaO (Figure 13 rapport au crabe de CaCO3 (Figure 13. Ce fait est probablement dû à la libération de nombreuses molécules (biopolymères, H_2O, CO_2) pendant le processus de calcination.

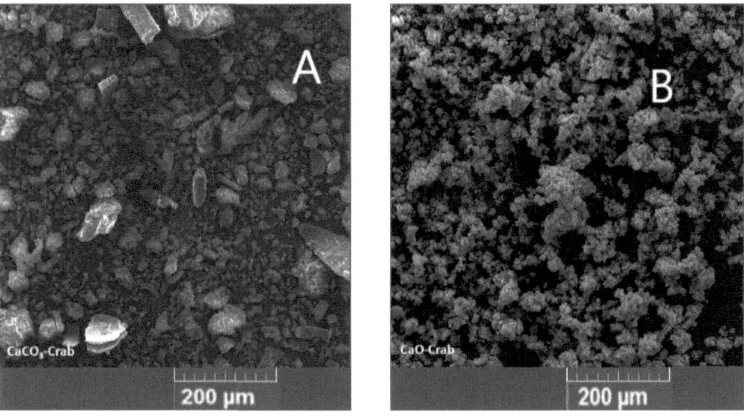

Figure 13: Comparaison au MEB de (A) coquille de crabe CaCO3 et (B) catalyseur de crabe CaO

Parmi les catalyseurs étudiés, la palourde CaO avait une taille de particules plus élevée que les autres (Figure 12F). Ce fait peut avoir influencé l'activité catalytique de ce catalyseur, car la taille plus élevée des particules du catalyseur réduit la surface, ce qui rend l'accès aux sites actifs difficile pour la molécule. [80] Ces résultats ont confirmé que les différences dans la morphologie du CaO dépendent de l'origine du CaCO3, ce qui entraîne des rendements de transestérification distincts.

3.2. Transestérification de l'huile de soja à l'aide de catalyseurs CaO

3.2.1. Synthèse FAME

Dans un travail précédent, nous avons étudié l'utilisation du CaO comme catalyseur hétérogène en utilisant le CaCO3 provenant d'une source résiduelle de coquille d'œuf. [80] Immédiatement avant la réaction, le CaCO3 doit être calciné en CaO et rapidement utilisé pour éviter les transformations qui peuvent réduire son activité. [81,82] Afin d'obtenir une plus grande flexibilité dans la manipulation du catalyseur, dans le présent travail, une plus grande quantité de CaO a été produite à partir de résidus de pêche, et placée dans un dessiccateur sous vide pour empêcher une réaction avec l'air humide formant du Ca(OH)$_2$, et une réaction avec le CO$_2$ de l'atmosphère, produisant du CaCO$_3$. Avant la réaction, le CaO a été préactivé en présence de méthanol sous reflux pendant 1 h avant l'ajout de l'huile de soja. À ce moment, toute quantité potentielle de Ca(OH)$_2$ présente à la surface du CaO était dissoute et le catalyseur était activé. [22,83,84] C'est pourquoi, sur la base de la littérature, un excès de catalyseur a été utilisé dans un rapport de 5 % en masse par rapport à l'huile de soja, en tenant compte de toute perte éventuelle de CaO sous forme de Ca(OH)$_2$ pendant le stockage et l'activation du catalyseur. [43,80,83]

Le rapport molaire alcool:huile est l'un des facteurs les plus importants qui influent sur la conversion aux EMAG. Bien que le rapport stoechiométrique soit de 3:1, la réaction de transestérification est réversible et nécessite donc un excès de méthanol pour favoriser la formation d'EMAG. [85-87] L'excès de méthanol augmente la formation de méthylate de calcium (Ca-Met) à la surface du catalyseur, ce qui déplace l'équilibre vers les produits. [77] Cependant, des proportions de méthanol:huile supérieures à 20:1 accélèrent la formation de biodiesel et de glycérol. Ainsi, après la formation d'une quantité appréciable de glycérol, il y a une réaction avec les sites actifs de CaO, produisant du glycéride de calcium (Ca-Gly) qui est moins actif que le CaO pour la transestérification. [67,86] Il est donc important de maintenir un rapport molaire méthanol:huile élevé, mais inférieur à 20:1.

La progression de la réaction de transestérification a été suivie qualitativement par chromatographie sur couche de thyn (CCM) en comparant les aliquotes avec l'huile de soja de départ (à l'extrême gauche de la Figure 14et un échantillon de biodiesel pur

- B100 (à l'extrême droite de la Figure 14afin de suivre la progression de la réaction. En général, la réaction a été interrompue lorsque la consommation totale de la matière première a été vérifiée.

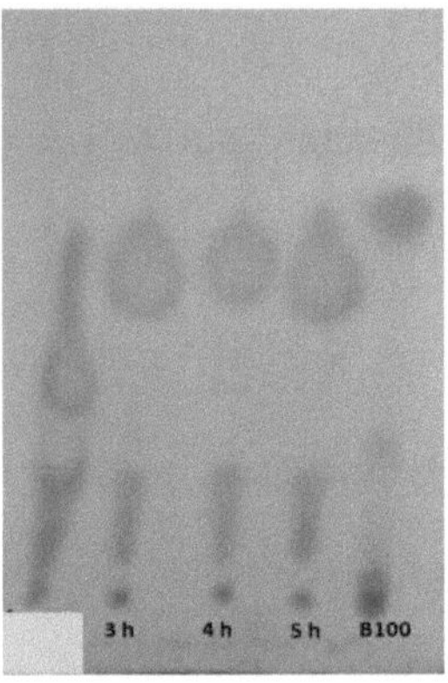

Figure 14 - Exemple d'une CCM lors du suivi de la progression de la réaction de transestérification de l'huile de soja avec le méthanol en utilisant CaO-Sururu entre 3 et 5 h de reflux.

Soja
pétrole

3.2.2. Caractérisation et analyse cinétique de la FAME

La méthode internationale proposée pour déterminer la teneur en FAME dans le biodiesel consiste à utiliser la technique GC-FID qui doit répondre aux spécifications des normes EN 14214 et CNS 15072. Cependant, une étude cinétique de la transestérification doit analyser des échantillons de faible conversion avec une faible teneur en esters en présence d'huile végétale non convertie, ce qui peut endommager le système d'analyse GC-FID. Nous avons donc utilisé la technique spectroscopique de RMN 1H pour quantifier le rendement en EMAG dans plusieurs échantillons prélevés tout au long de la réaction. 69 LaFigure 15montre les spectres RMN 1H (300 MHz) de l'huile de soja et d'un échantillon de TG partiellement converti en FAME utilisé pour déterminer le rendement en FAME.

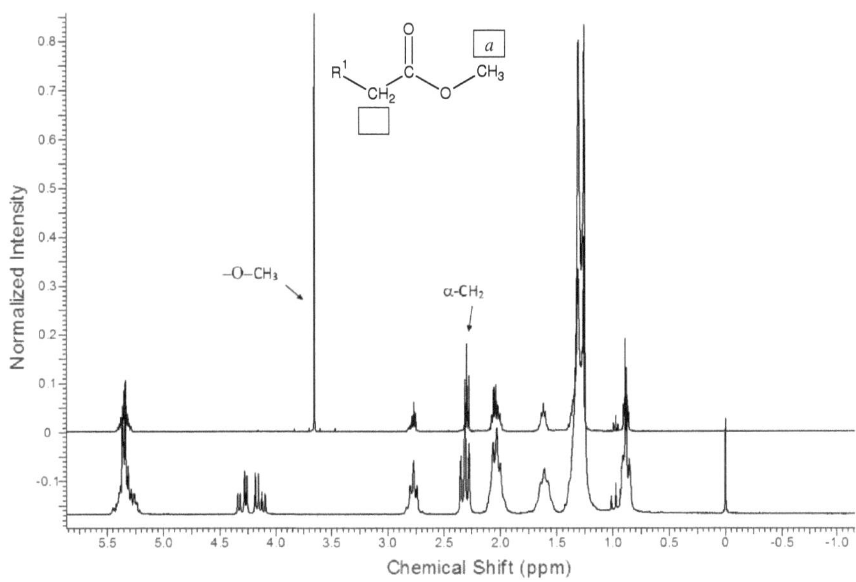

Figure 15: Spectre RMN 1H (300 MHz) de l'huile de soja et de son FAME respectif

Les pourcentages de rendement pour la conversion des TG en esters (%) ont été obtenus directement à partir de la surface de pic (*I*) des signaux sélectionnés des spectres RMN [1H], comme proposé dans le %CM = 100(2Ia/3ICH2)

(équation7 pour l'EMAG. [69]

$$\%CM = 100(2Ia/3ICH2) \qquad \text{(équation7)}$$

Les rendements en EMAG pour la transestérification méthylique de l'huile de soja sur un catalyseur au CaO en fonction du temps de réaction sont indiqués dans la Figure 16. Les résultats montrent qu'avec les catalyseurs CaO-sururu, CaO-crabe, CaO-mactre et CaO-moule, les rendements en EMAG étaient respectivement de 93,7 %, 86,3 %, 81,0 % et 79,3 % après 3,5 heures de réaction (Figure 16). Le rendement avec le CaO-com pur était d'environ 93%, le même que celui du meilleur catalyseur CaO-sururu, après 3,5 h de réaction. Dans le cas de la réaction avec le CaO-sururu, le rendement en FAME était cependant de 89,0 % après seulement une heure de réaction. Cette valeur était beaucoup plus élevée que le rendement des autres catalyseurs : 50,7 % pour le CaO-crabe, 21,7 % pour le CaO-moule,10,7 % pour le CaO-com et 3,3 % pour les catalyseurs à base de CaO-mâles, après le même temps de réaction.

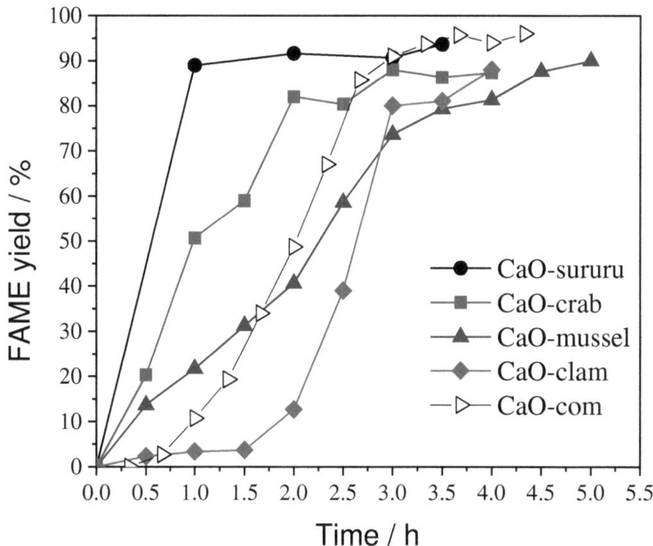

Figure 16: Rendements de l'ester méthylique d'acide gras (EMAG) pour la transestérification de l'huile de soja sur des catalyseurs. Rapport molaire méthanol:huile = 18:1, Température = 65 °C au reflux, Concentration du catalyseur = 5 % en masse.

La vitesse de réaction initiale, obtenue à partir de la pente de la courbe de rendement de l'EMAG de 0 à 1,5 h, pour le catalyseur CaO-sururu a été la plus accentuée, suivie par celles des catalyseurs CaO-crabe, CaO-moule,CaO-com et CaO-maille (Figure 16). Ce fait suggère que la vitesse initiale de la réaction de transestérification de l'huile de soja utilisant les catalyseurs des différentes sources suit l'ordre suivant : CaO-sururu > CaO-crabe > CaO-moule > CaO-com > CaO-mactre. Les valeurs des constantes apparentes de la vitesse de réaction, k', calculées à partir de la courbe de l'équation linéarisée de la vitesse de réaction -ln(1-X) *en fonction du* temps (min) dans la plage de 0 à 90 min (Figure 17), présentent ces valeurs : 0,0207 min-1 pour CaO-sururu, 0,0105 min-1 pour CaO-crabe, 0,0041 min-1 pour CaO-moule, 0,0026 min-1 pour CaO-com et 0,0004 min-1 pour CaO-mateau. Le résultat de la faible vitesse de réaction obtenue pour le CaO-com s'explique par la taille plus élevée des cristallites de CaO, qui a entraîné une surface plus petite (Tableau 2).

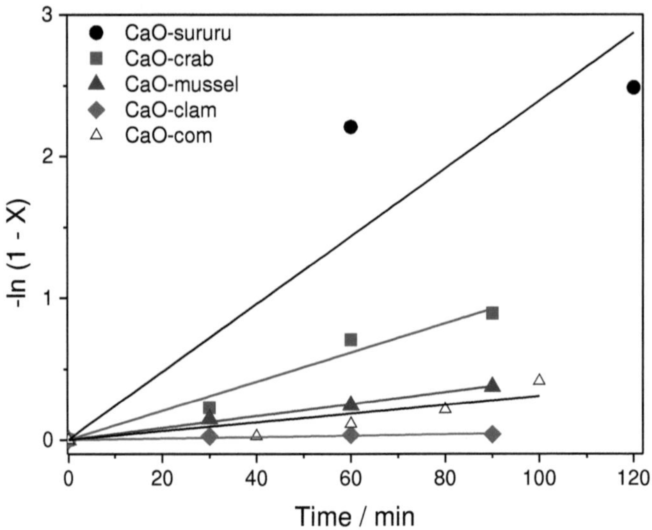

Figure 17: Le tracé de l'équation de la vitesse de réaction linéarisée -ln(1-X) en fonction du temps (min) - dans la plage de 0 à 90 min pour CaO-sururu, CaO-crabe, CaO-moule, CaO-com et CaO-mactre.

La constante apparente de la vitesse de réaction obtenue dans les présents travaux pour les catalyseurs CaO-sururu (0,0207 min-1) et CaO-crabe (0,0105 min-1) était beaucoup plus élevée que celles décrites dans d'autres travaux qui ont étudié la transestérification de l'huile de soja en utilisant le CaO comme catalyseur à partir de différentes sources de résidus. Par exemple, le CaO provenant des coquilles d'œufs de poulet a donné une constante de vitesse de 0,006 min-1,[80] KI ; l'imprégnation du CaO provenant des coquilles d'huîtres calcinées a donné 0,0073 min-1,[49] Le rendement en FAME obtenu dans le présent travail était également beaucoup plus élevé que le rendement obtenu avec le CaO provenant des coquilles d'huîtres (74 %) pour la transestérification du soja dans des conditions optimisées.[48]

Des activités catalytiques significatives dans la transestérification de l'huile de soja ont été observées pour tous les catalyseurs malgré leur constante apparente de vitesse de réaction k'. Nous pouvons établir un lien entre la meilleure activité catalytique pour les catalyseurs CaO-sururu et CaO-crabe et le fait que ces catalyseurs ont des surfaces et des volumes de pores plus élevés (Tableau 2), des cristallites de CaO de plus petite taille (Tableau 2 et des particules de plus petite taille (Figure 12B et D), ce qui rend leurs sites actifs plus facilement disponibles. En outre, ces caractéristiques morphologiques ont permis une plus grande lixiviation du Ca, donnant plus de Ca-diglycéroxyde, qui est considéré comme une espèce active importante pour la réaction de transestérification, comme indiqué précédemment. [80,82] Le catalyseur le moins efficace était la palourde CaO, qui a une taille de particules plus importante (Figure 12F). Un autre facteur qui pourrait avoir contribué à la plus grande activité des catalyseurs CaO-sururu et CaO-crabe est la présence de Sr en quantités légèrement plus élevées que dans les deux autres catalyseurs, comme l'a montré l'analyse de fluorescence aux rayons X (tableau 2). Selon Kouzu et al. [82,88,] le SrO a une force basique plus élevée que le CaO. Dans notre cas, la teneur en SrO dans les catalyseurs allait de

0,30 à 0,84 % en masse, tandis que la teneur en CaO allait de 88,4 à 98,9 % en masse. Bien que la basicité des catalyseurs ne soit pas affectée de manière significative en raison du pourcentage élevé de CaO, la présence d'une petite quantité de SrO peut avoir contribué à l'activité catalytique plus élevée des catalyseurs CaO-sururu et CaO-crabe. Outre le fait que la quantité de SrO est légèrement plus élevée pour le crabe à CaO que pour le CaO-sururu, une quantité de 4,7 % de MgO dans le crabe à CaO a été observée. De plus, la teneur en CaO était de 84,8 % en masse dans le CaO-crabe et de 98,6 % dans le CaO-sururu. Selon Kouzu et al. pour la transestérification à l'aide d'oxydes de métaux alcalino-terreux, l'activité catalytique pour l'EMAG suivait l'ordre MgO << CaO < SrO, ce qui peut expliquer pourquoi le crabe CaO avait une activité catalytique plus mauvaise que le CaO-sururu même avec une quantité de SrO plus faible.[41]

Comme la surface spécifique et la porosité des catalyseurs testés présentaient des valeurs similaires (tableau 2), on pense que ces paramètres n'ont pas eu d'influence significative sur le rendement final de l'EMAG après 3 h de réaction. Comme aucun des catalyseurs étudiés ne présentait une porosité significative, les phénomènes de diffusion interne ne devraient pas être très importants. La cinétique des catalyseurs CaO-sururu et CaO-crabe était néanmoins beaucoup plus rapide que celle des autres catalyseurs. Les catalyseurs ayant des taux cinétiques élevés sont préférables car ils nécessitent un réacteur industriel plus petit pour produire du biodiesel. Comme tous les catalyseurs étudiés ne présentaient pas de porosité significative, les phénomènes de diffusion interne ne devraient pas être très importants. En revanche, ce fait implique dans une surface spécifique réduite nécessitant donc une concentration plus élevée de catalyseur par rapport à la masse d'huile. Comme les catalyseurs utilisés dans le présent travail ont été obtenus à partir d'une industrie de la pêche résiduelle à haute disponibilité et à faible coût, ces matériaux sont adaptés à la production de biodiesel à grande échelle, même à des concentrations élevées.

3.3. Réutilisation du catalyseur

L'un des avantages des catalyseurs hétérogènes, par rapport aux catalyseurs homogènes, est qu'ils peuvent être réutilisés plusieurs fois. En outre, après avoir perdu leur activité catalytique, ces catalyseurs peuvent être régénérés ou utilisés à d'autres fins, comme les matériaux de construction, les stabilisateurs de sol, les industries du ciment et les adsorbants de phosphate. [89]

La cinétique de transestérification de l'huile de soja a été obtenue au mieux à partir du catalyseur CaO-sururu. Les rendements en EMAG en fonction du temps de réaction sont indiqués sur la Figure 18pour quatre cycles de réaction. La teneur en FAME a diminué de 89,0 % à 79,3 % du premier au deuxième cycle, puis de 66,7 % et 45,0 % respectivement dans les troisième et quatrième cycles, après 1 h de réaction (Figure 18). Ainsi, les taux des réactions de transestérification ont diminué avec l'augmentation du nombre de cycles auxquels le catalyseur a été soumis. Les constantes de vitesse apparentes, k", ont été calculées dans la période de 0 à 2 h et ont confirmé la diminution de la vitesse de réaction avec l'augmentation du nombre de cycles du catalyseur, en présentant ces valeurs : 0,0207 min-1 pour le 1er cycle, 0,0177 min-1 pour le 2ème cycle, 0,0143 min-1 pour le 3ème cycle, 0,0101 min-1 pour le 4ème cycle. Malgré la diminution du taux de réaction avec l'augmentation du nombre de cycles, les rendements en EMAG ont

atteint environ 91 % dans les quatre cycles après 3 h de réaction. Après 3,5 h de

réaction, le rendement en EMAG du 4e cycle était de 84 %, ce qui est légèrement

inférieur au rendement de 92 % du premier cycle. Ce résultat est encore plus élevé que

ceux rapportés dans certaines études publiées. À titre d'exemple, Lee et al.90 ,

Sirisomboonchai et al.91 et Syazwani et al.67 ont obtenu des rendements d'environ 30%,

66% et 80%, respectivement, après quatre cycles de réutilisation du catalyseur CaO

obtenu à partir de *C. obtusa, de* coquilles Saint-Jacques et de *Tapes belcheri* S.,

respectivement.

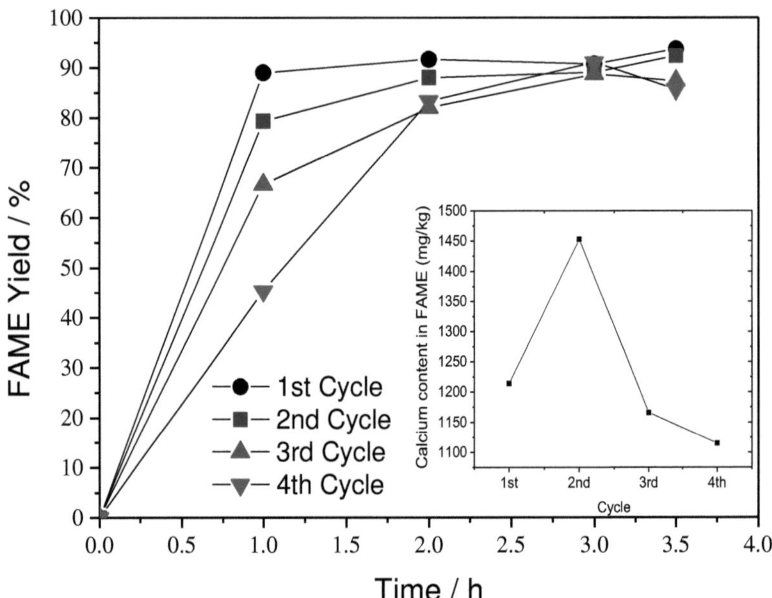

Figure 18: Cinétique de rendement de l'EMAG pour la transestérification de l'huile de

soja sur un catalyseur CaO-sururu pendant quatre cycles de réaction et teneur en calcium de l'EMAG. Insérer : La quantité de Ca2+ lixiviée du catalyseur CaO-sururu pendant les 4 cycles.

La perte d'activité du catalyseur CaO-sururu au cours des cycles peut être liée à la formation de Ca(OH)2 à la surface en raison de la présence d'humidité dans l'huile végétale. Le CaO a une force basique plus élevée que le Ca(OH)2 parce que le premier a de forts sites de base de Lewis, ce qui justifie l'activité catalytique plus faible du Ca(OH)2.5

La quantité de Ca2+ lixiviée à partir du catalyseur CaO-sururu a été obtenue par titrage complexométrique pour déterminer la teneur en Ca2+ dans le produit FAME à la fin de chacun des 4 cycles (voir Figure *18*). La présence de Ca2+ dans l'EMAG indique une importante lixiviation du catalyseur. Il a été rapporté que la transestérification de l'huile végétale est catalysée non seulement par les sites basiques hétérogènes de la surface du CaO, mais aussi en plus petite quantité par les composés lixiviés quittant le catalyseur CaO, ce qui correspond à une contribution homogène favorable à la réaction. [88,92] Malgré la lixiviation du catalyseur tout au long de la réaction, des études antérieures de notre groupe ont démontré une action catalytique hétérogène efficace de la part du CaO. [80] À la fin du processus, une élimination plus poussée du Ca2+ de l'EMAG produit pourrait être effectuée dans l'étape de purification par lavage à l'eau ou par l'utilisation de résines échangeuses d'ions. [93] Les résultats enregistrés dans la Figure 18insert) montrent que la quantité de Ca2+ lixivié a diminué à mesure que le nombre de cycles de réutilisation augmentait, avec une réduction conséquente de la teneur en FAME. Ces données corroborent l'importance des particules de petite taille et de la grande surface du catalyseur pour la lixiviation du Ca2+, ce qui augmente les performances de ce procédé.

À partir des résultats obtenus dans le cadre des présents travaux, pour obtenir un produit avec spécification du biodiesel utilisant le meilleur catalyseur CaO-sururu, il serait nécessaire d'effectuer des études supplémentaires comprenant les étapes suivantes : (i) réaliser des expériences à des températures plus élevées, en faisant varier la température dans un réacteur sous pression, puisque la température d'ébullition du méthanol est de 65 °C ; (ii) optimiser le pourcentage de catalyseur ; (iii) optimiser le rapport méthanol:huile ; (iv) étudier la purification du produit final pour éliminer les résidus de glycérol total, de méthanol et de calcium lixivié ; (v) réaliser des bilans massiques pour obtenir le rendement du biodiesel par rapport à l'alimentation en huile végétale, et la quantité de masse consommée de catalyseur et de méthanol par kg de biodiesel produit.

4. CONCLUSIONS

L'utilisation de ces déchets pour produire des catalyseurs permet d'obtenir une destination écologique pour des tonnes de déchets de pêche produits le long de la côte brésilienne. Les catalyseurs obtenus à partir de la calcination des résidus de sururu, de crabes, de palourdes et de coquilles de moules étaient composés à plus de 97 % de CaO. Les catalyseurs dérivés des résidus de la pêche ont catalysé une transestérification méthylique de l'huile de soja obtenant des rendements en FAME compris entre 79 et 94% après 3,5 h de réaction. Dans le cas de la réaction CaO-sururu, 89,0% du rendement en FAME a été observé après seulement 1 heure de réaction,tandis que les autres catalyseurs ont conduit à un rendement en FAME inférieur à 50% dans le même temps de réaction. Ces résultats montrent que l'origine des résidus a une influence significative sur la performance du catalyseur. Les catalyseurs obtenus à partir de coquilles de crabe et de sururu avaient plus de SrO et une taille de particules plus petite, ce qui pourrait être responsable de l'activité plus élevée de ces catalyseurs. Les surfaces spécifiques et les volumes de pores plus élevés de ces catalyseurs ont également été attribués à la plus grande activité, ainsi qu'à la formation de Ca-diglycérides en tant qu'espèces actives. La réutilisation du catalyseur CaO-sururu a conduit à un rendement en EMAG de 91 % après 3 h de réaction, après quatre réutilisations consécutives sans traitement préalable entre une réaction et une autre. Ces résultats confirment le potentiel catalytique des catalyseurs dérivés des résidus de la pêche dans la production d'EMAG par transestérification de l'huile de soja. Pour répondre aux normes de production de biodiesel, 96,5 % d'EMAG sont nécessaires, ce qui signifie que de meilleures conditions de réaction doivent encore être étudiées. En outre, l'utilisation de ces déchets recyclés peut non seulement contribuer à une production plus économique et plus durable de biodiesel, mais aussi promouvoir des avantages environnementaux pour obtenir un procédé plus propre avec moins d'étapes de purification par rapport au procédé classique basé sur une catalyse alcaline homogène. En outre, l'utilisation des déchets de la pêche peut générer des revenus supplémentaires pour les pêcheurs de crabes et de mollusques, avec des avantages sociaux et économiques.

5. REMERCIEMENTS

Les auteurs tiennent à remercier le soutien financier apporté par la Fundação de Amparo à Ciência e Tecnologia do Estado de Pernambuco (FACEPE) à travers le projet n° APQ-0067-1.06/17. Les auteurs tiennent également à remercier l'Agência Nacional do Petróleo, Gás Natural e Biocombustíveis (ANP), la Financiadora de Estudos e Projetos (FINEP) et le Ministério da Ciência e Tecnologia (MCT) par le biais du Programa de Formação de Recursos Humanos da ANP for the Petroleum and Gas Sector (PRH-ANP/MCT) pour leur soutien financier.

6. RÉFÉRENCES

1. Almada, L. P. ; Parente, V. ; *Panor. Loi brésilienne* **2013**, *1*, 223.

2. Pinto, A. C. ; Zucco, C. ; Galembeck, F. ; De Andrade, J. B. ; Vieira, P. C. ; *Quim. Nova* **2012**, *35*, 2092.

3. da Rocha, G. O. ; Andrade, J. B. ; Guarieiro, A. L. N. ; Guarireiro, L. L. N. ; Ramos, L. P. ; *Quim. Nova* **2013**, *36*, 1540.

4. Mota, C. J. A. ; Monteiro, R. S. ; *Quim. Nova* **2013**, *36*, 1483.

5. Bardi, U. ; *Energy* **2009**, *34*, 323.

6. Murphy, D. J. ; Hall, C. A. S. ; *Ann. N. Y. Acad. Sci.* **2011**, *1219*, 52.

7   Brandão, R. F. ; Quirino, R. L. ; Mello, V. M. ; Tavares, A. P. ; Peres, A. C. ; Guinhos, F. ; Rubim, J. C. ; Suarez, P. A. Z. ; *J. Braz. Chimie. Soc.* **2009**, *20*, 954.

8. Samart, C. ; Sreetongkittikul, P. ; Sookman, C. ; *Fuel Process. Technol.* **2009**, *90*, 922.

9. Shu, Q. ; Zhang, Q. ; Xu, G. ; Nawaz, Z. ; Wang, D. ; Wang, J. ; *Fuel Process. Technol.* **2009**, *90*, 1002.

10. Rogelj, J. ; Den Elzen, M. ; Höhne, N. ; Fransen, T. ; Fekete, H. ; Winkler, H. ; Schaeffer, R. ; Sha, F. ; Riahi, K. ; Meinshausen, M. ; *Nature* **2016**, *534*, 631.

11. Ramos, L. P. ; Silva, F. R. ; Mangrich, A. S. ; Cordeiro, S. ; *Rev. Virtual Quim.*

2011, *3*, 385.

12. Azad, A. K. ; Rasul, M. G. ; Khan, M. M. K. ; Sharma, S. C. ; Hazrat, M. A. ; *Renew. Soutenir. Energy Rev.* **2015**, *43*, 331.

13. Hoekman, S. K. ; Broch, A. ; Robbins, C. ; Ceniceros, E. ; Natarajan, M. ; *Renew. Sustain. Energy Rev.* **2012**, *16*, 143.

14. Prado, R. G. ; Almeida, G. D. ; De Oliveira, A. R. ; De Souza, P. M. T. G. ; Cardoso, C. C. ; Constantino, V. R.-L. ; Pinto, F. G. ; Tronto, J. ; Pasa, V. M. D. ; *Energy and Fuels* **2016**, *30*.

15. Silva, L. N. ; Cardoso, C. C. ; Pasa, V. M. D. ; *Fuel* **2016**, *166*, 453.

16. Bejan, C. C. C. ; Celante, V. G. ; Vinicius Ribeiro De Castro, E. ; Pasa, V. M. D. ; *Energy and Fuels* **2014**, *28*, 5128.

17. Ramon Sousa Barros Ferreira, Rafaela Menezes dos Passos, Klicia Araujo Sampaio, E. A. C. B. ; *Food Public Heal.* **2019**, 125.

18. Cardoso, C. C. ; Cavalcanti, A. ; Silva, R. ; Alves Junior, S. ; de Sousa, F. ; Pasa, V. M. ; Arias, S. ; Pacheco, J. ; *J. Braz. Chem. Soc.* **2019**, *31*, 756.

19. Ullah, F. ; Dong, L. ; Bano, A. ; Peng, Q. ; Huang, J. ; *J. Energy Inst.* **2016**, *89*, 282.

20. Reis, G. P. ; Cardoso, C. C. ; Sousa, F. P. De ; Pasa, V. M. D. **2019**, *7*, 168.

21. Kawashima, A. ; Matsubara, K. ; Honda, K. **2008**, *99*, 3439.

22. Kawashima, A. ; Matsubara, K. ; Honda, K. ; *Bioresour. Technol.* **2009**, *100*, 696.

23. Bankovi, I. B. ; Miladinovi, M. R. ; Stamenkovi, O. S. ; Veljkovi, V. B. **2017**, *72*, 746.

24   Atkins, P. ; De Paula, J. *Physicochemistry : volume 2 ; LTC ; LTC* : Rio de Janeiro, 2013 ; Vol. 2.

25. Endalew, A. K. ; Kiros, Y. ; Zanzi, R. ; *Biomass and Bioenergy* **2011**, *35*, 3787.

26. Marinkovic, D. M. ; Stankovic, M. V. ; Velickovic, A. V. ; Avramovic, J. M. ; Miladinovic, M. R. ; Stamenkovic, O. O. ; Veljkovic, V. B. ; Jovanovic, D. M. ; *Renew. Soutenir. Energy Rev.* **2016**, *56*, 1387.

27. Al-Sakkari, E. G. ; El-Sheltawy, S. T. ; Attia, N. K. ; Mostafa, S. R. ; *Appl. Catal. B Environ.* **2017**, *206*, 146.

28. Hoo, P. ; Abdullah, A. Z. ; *Ind. Eng. Chem. Res.* **2015**, *54*, 7852.

29. Zabeti, M. ; Wan Daud, W. M. A. ; Aroua, M. K. ; *Fuel Process. Technol.* **2009**, *90*, 770.

30. Boey, P.-L. ; Maniam, G. P. ; Hamid, S. A. ; *Chem. Eng. J.* **2011**, *168*, 15.

31. Boro, J. ; Deka, D. ; Thakur, A. J. ; *Renew. Soutenir. Energy Rev.* **2012**, *16*, 904.

32. Boey, P. L. ; Maniam, G. P. ; Hamid, S. A. ; Ali, D. M. H. ; *JAOCS, J. Am. Oil Chem. Soc.* **2011**, *88*, 283.

33. Shan, R. ; Zhao, C. ; Lv, P. ; Yuan, H. ; Yao, J. ; *Energy Convers. Manag.* **2016**, *127*, 273.

34. Kerton, F. M. ; Liu, Y. ; Omari, K. W. ; Hawboldt, K. ; *Green Chem.* **2013**, *15*, 860.

35. Islam, S. **2004**, *49*, 103.

36. Rodríguez, E. M. ; Medesani, D. A. ; Fingerman, M. ; *Comp. Biochem. Physiol. - A Mol. Integr. Physiol.* **2007**, *146*, 661.

37.   Sonak, S. M. In *Marine Shells of Goa* ; Springer, Cham, 2017 ; pp. 1-23.

38.   Correia, M. D. ; Sovierzoski, H. H. ; *Edufal* **2005**, 55.

39.   Abdulkarim, A. ; Isa, M. T. ; Abdulsalam, S. ; Muhammad, A. J. ; Ameh, A. O. ; *Civ. Environ. Res.* **2013**, *3*, 108.

40.   Battisti, M. V. ; Campana-Filho, S. P. ; *Quim. Nova* **2008**, *31*, 2014.

41.   Mathur, N. K. ; Narang, C. K. ; *J. Chem. Educ.* **1990**, *67*, 938.

42.   Percot, A. ; Viton, C. ; Domard, A. ; *Biomacromolecules* **2003**, *4*, 12.

43.   Hu, S. ; Wang, Y. ; Han, H. ; *Biomass and Bioenergy* **2011**, *35*, 3627.

44.   Xu, J. ; Zhang, G. ; *J. Struct. Biol.* **2017**, *197*, 308.

45.   Yarra, T. ; Gharbi, K. ; Blaxter, M. ; Peck, L. S. ; Clark, M. S. ; *Mar. Genomics* **2016**, *27*, 9.

46.   Taufiq-Yap, Y. H. ; Lee, H. V. ; Lau, P. L. ; *Energy, Explor. Exploit.* **2012**, *30*, 853.

47.   Suryaputra, W. ; Winata, I. ; Indraswati, N. ; Ismadji, S. ; *Renew. Énergie* **2013**, *50*, 795.

48.   Nakatani, N. ; Takamori, H. ; Takeda, K. ; Sakugawa, H. ; *Bioresour. Technol.* **2009**, *100*, 1510.

49.   Jairam, S. ; Kolar, P. ; Sharma-shivappa, R. ; Osborne, J. A. ; Davis, J. P. ; *Bioresour. Technol.* **2012**, *104*, 329.

50.   Anterino, S. ; Paiva, T. M. N. ; Silva, P. ; Zoby, L. C. ; Ferreira, J. M. ; Motta, M. A. ; Pernambuco, U. F. De In *XX Congresso Brsileiro de Engenharia Química* ; Florianópolis, SC, 2014 ; pp. 1-8.

51.   Silva, T. S. ; Meili, L. ; Carvalho, S. H. V. ; Soletti, J. I. ; Dotto, G. L. ;

Fonseca, E. J. S. ; *Environ. Sci. Pollut. Res.* **2017**, *24*, 19927.

52. Diegues, A. C. ; Vasconcellos, M. ; Kalikoski, D. C. ; *Coral Reefs* **1984,** 1.

53. Buasri, A. ; Chaiyut, N. ; Loryuenyong, V. ; Worawanitchaphong, P. ; Trongyong, S. **2013**, *2013*.

54. Kouzu, M. ; Hidaka, J. S. ; *Fuel* **2012**, *93*, 1.

55. Augusto de Oliveira David, J. ; Silvia Fontanetti, C. ; *Braz. J. morphol. Sci* **2005**, *22*, 203.

56. de Oliveira David, J. A. ; Salaroli, R. B. ; Fontanetti, C. S. ; *Micron* **2008**, *39*, 329.

57. Alves, R. R. N. ; Rosa, I. L. ; *J. Ethnopharmacol.* **2006**, *107*, 259.

58. De Oliveira, I. B. ; Da Silva Neto, S. R. ; Lima Filho, J. V. M. ; Peixoto, S. R. M. ; Gálvez, A. O. ; *Rev. Bras. Ciencias Agrar.* **2014**, *9*, 139.

59. Alves, R. R. da N. ; Nishida, A. K. ; *Interciencia* **2002**, *27*, 1.

60. Pinho Ferreira, L. ; Sabry, R. C. ; da Silva, P. M. ; Gesteira, T. C. V. ; de Souza Romão, L. ; Paz, M. P. ; Feijó, R. G. ; Neto, M. P. D. ; Maggioni, R. ; *Exp. Parasitol.* **2015**, *150*, 67.

61. Boey, P.-L. ; Maniam, G. P. ; Hamid, S. A. ; *J. Oleo Sci.* **2009**, *58*, 499.

62. Boey, P. L. ; Maniam, G. P. ; Hamid, S. A. ; *Bioresour. Technol.* **2009**, *100*, 6362.

63. Madhu, D. ; Chavan, S. B. ; Singh, V. ; Singh, B. ; Sharma, Y. C. ; *Bioresour. Technol.* **2016**, *214*, 210.

64. Minaria, M. ; Mohadi, R. ; *Sci. Technol. Indonésie.* **2016**, *1*, 1.

65. Buasri, A. ; Chaiyut, N. ; Loryuenyong, V. ; Wongweang, C. ; Khamsrisuk, S.

2013, *1*, 7.

66. Kouzu, M. ; Yamanaka, S. ya ; Hidaka, J. suke ; Tsunomori, M. ; *Appl. Catal. A Gen.* **2009**, *355*, 94.

67. Syazwani, O. N. ; Teo, S. H. ; Islam, A. ; Taufiq-Yap, Y. H. ; *Process Saf. Environ. Prot.* **2017**, *105*, 303.

68. Roschat, W. ; Siritanon, T. ; Kaewpuang, T. ; Yoosuk, B. ; Promarak, V. ; *Bioresour. Technol.* **2016**, *209*, 343.

69. Cardoso, C. C. ; Mendes, B. M. O. ; Pasa, V. M. D. ; *J. Environ. Chem. Eng.* **2018**, *6*.

70 Pereira, C. M. ; Neiverth, C. A. ; Maeda, S. ; Guiotoku, M. ; Franciscon, L. ; *Rev. Bras. Soil Science* **2011**, *35*, 1331.

71. Correia, L. M. ; Saboya, R. M. A. ; Campelo, N. D. ; Cecilia, J. A. ; Rodriguez-Castellon, E. ; Cavalcante, C. L. ; Vieira, R. S. ; *Bioresour. Technol.* **2014**, *151*, 207.

72. de Leeuw, N. H. ; Parker, S. C. ; *J. Phys. Chem. B* **1998**, *102*, 2914.

73. Dai, Y. ; Zou, H. ; Zhu, H. ; Zhou, X. ; Song, Y. ; Shi, Z. ; Sheng, Y. **2017,** 5.

74. El-Gendy, N. S. ; Hamdy, A. ; Abu Amr, S. S. ; *Int. J. Biomater.* **2014**, *2014*.

75. Tekin, K. **2015**.

76. Andersen, F. A. ; Brečević, L. Spectres infrarouges du carbonate de calcium amorphe et cristallin. *Acta Chem. Scand.* **1991**, *45*, 1018–1024.

77. Boro, J. ; Thakur, A. J. ; Deka, D. ; *Fuel Process. Technol.* **2011**, *92*, 2061.

78. Chen, G. ; Shan, R. ; Shi, J. ; Yan, B. ; *Bioresour. Technol.* **2014**, *171*, 428.

79. Fleet, M. E. ; *Biomaterials* **2009**, *30*, 1473.

80. de Sousa, F. P. ; Dos Reis, G. P. ; Cardoso, C. C. ; Mussel, W. N. ; Pasa, V. M. D. ; *J. Environ. Chem. Eng.* **2016**, *4*.

81. Chen, G. ; Shan, R. ; Shi, J. ; Yan, B. ; *Fuel Process. Technol.* **2015**, *133*, 8.

82. Kouzu, M. ; Hidaka, J. ; *Fuel* **2012**, *93*, 1.

83. Boro, J. ; Konwar, L. J. ; Deka, D. ; *Fuel Process. Technol.* **2014**, *122*, 72.

84. Piker, A. ; Tabah, B. ; Perkas, N. ; Gedanken, A. ; *Fuel* **2016**, *182*, 34.

85. Roschat, W. ; Siritanon, T. ; Yoosuk, B. ; Promarak, V. ; *Energy Convers. Manag.* **2016**, *108*, 459.

86. Margaretha, Y. Y. ; Prastyo, H. S. ; Ayucitra, A. ; Ismadji, S. **2012,** 1.

87. Muci??o, G. G. ; Romero, R. ; Ram??rez, A. ; Mart??nez, S. L. ; Baeza-Jim??nez, R. ; Natividad, R. ; *Fuel* **2014**, *138*, 143.

88. Kouzu, M. ; Kasuno, T. ; Tajika, M. ; Sugimoto, Y. ; Yamanaka, S. ; Hidaka, J. ; *Fuel* **2008**, *87*, 2798.

89. Lam, M. K. ; Lee, K. T. ; Mohamed, A. R. ; *Biotechnol. Adv.* **2010**, *28*, 500.

90. Lee, S. L. ; Wong, Y. C. ; Tan, Y. P. ; Yew, S. Y. ; *ENERGY Convers. Manag.* **2015**, *93*, 282.

91. Sirisomboonchai, S. ; Abuduwayiti, M. ; Guan, G. ; Samart, C. ; *ENERGY Convers. Manag.* **2015**, *95*, 242.

92. Granados, M. L. ; Poves, M. D. Z. ; Alonso, D. M. ; Mariscal, R. ; Galisteo, F. C. ; Moreno-Tost, R. ; Santamar\'\ia, J. ; Fierro, J. L. G. ; *Appl. Catal. B Environ.* **2007**, *73*, 317.

93. Alba-Rubio, A. C. ; Alonso Castillo, M. L. ; Albuquerque, M. C. G. ; Mariscal, R. ; Cavalcante, C. L. ; Granados, M. L. ; *Fuel* **2012**, *95*, 464.

Printed by Books on Demand GmbH, Norderstedt / Germany